国家改革和发展示范学校建设项目

课程改革实践教材

全国土木类专业实用型规划教材

建筑工程测量

JIANZHU GONGCHENG CELIANG

主　编　隋向阳　张昌勇

副主编　郭永民　徐鲁闽　吕　成

　　　　张立群

编　者　邹　创　王亚南

哈爾濱工業大學出版社

HARBIN INSTITUTE OF TECHNOLOGY PRESS

内 容 简 介

  本书打破传统教材的章节内容,体现"教、学、做"结合,理论实践一体化的教学特点,采用项目教学,将全书分为 8 个项目,并配实训手册。每个项目按照教学项目构建教学情境,通过生产过程提炼典型工作任务,以典型任务为载体,突出基本技能操作。每个项目内容以建筑工程测量的基本理论、案例实解、基础同步、实训提升构建。本书还广泛吸收了最新的测绘技术,选编了电磁波测距仪、全站仪、卫星全球定位系统等现代测绘技术,尤其对全站仪的应用做了详细的介绍。

  本书可作为各级职业学校土木类专业教学用书,也可作为相关专业工程技术人员的学习资料或参考书。

图书在版编目(CIP)数据

建筑工程测量/隋向阳,张昌勇主编. —哈尔滨:哈尔滨工
业大学出版社,2015.3
全国土木类专业实用型规划教材
ISBN 978-7-5603-5207-7

Ⅰ.①建…　Ⅱ.①隋…　②张…　Ⅲ.①建筑测量—高
等学校—教材　Ⅳ.①TU198

中国版本图书馆 CIP 数据核字(2015)第 005866 号

责任编辑　张　瑞
出版发行　哈尔滨工业大学出版社
社　　址　哈尔滨市南岗区复华四道街 10 号　邮编 150006
传　　真　0451 - 86414749
网　　址　http://hitpress.hit.edu.cn
印　　刷　天津市蓟县宏图印务有限公司
开　　本　850mm×1168mm　1/16　印张 11.5　字数 340 千字
版　　次　2015 年 3 月第 1 版　2015 年 3 月第 1 次印刷
书　　号　ISBN 978-7-5603-5207-7
定　　价　25.00 元

PREFACE 前言

为了适应国家教育改革和发展示范学校建设项目需要,培养面向企业、面向社会的建筑工程施工专业技术型人才和建筑工程测量技能型人才,国家改革和发展示范学校积极探索、构建基于"工作过程系统化的行动导向"教学模式的课程体系建设。

本书从建设行业一线对技能型人才的需要出发,采用国家与行业最新规范、规程与相关标准编写,主要依据《工程测量规范》(GB 50026—2007)、《高层建筑混凝土结构技术规程》(JGJ 3—2010)的内容。

本书在编写过程中以"工学结合"的思想为指导,结合建筑工程测量实际工作需要,从学生的实际情况出发,精心安排学习内容,重点突出建筑工程测量技能培养。同时,本书广泛吸收最新测绘技术,选编了电磁波测距仪、全站仪、卫星全球定位系统等现代测绘技术,尤其对全站仪的应用做了详细的介绍。

本书打破传统教材的章节内容,体现"教、学、做"结合,理论实践一体化的教学特点,采用项目教学,将全书分为 8 个项目,并配备实训手册。每个项目按照教学项目构建教学情境,通过生产过程提炼典型工作任务,以典型任务为载体,突出基本技能操作。每个项目内容以建筑工程测量的基本理论、案例实解、基础同步、实训提升构建。总课时数建议为 76 课时,其中实训课时为 24 课时。

项目	内容	理论课时	实训课时
一	绪论	2 课时	—
项目 1	测量基础	4 课时	—
项目 2	水准测量	6 课时	4 课时
项目 3	角度测量	8 课时	8 课时
项目 4	距离测量	4 课时	2 课时
项目 5	小区域控制测量	10 课时	4 课时
项目 6	建筑施工控制测量	4 课时	2 课时
项目 7	建筑施工测量	8 课时	4 课时
项目 8	建筑物变形观测与竣工测量	6 课时	—

本书由烟台城乡建设学校隋向阳、张昌勇任主编。其中,绪论、项目1、项目8、实训手册由隋向阳编写,项目2、项目4由张昌勇编写,项目3由徐鲁闽编写,项目5由吕成编写,项目6、项目7由郭永民编写,张立群、邹创、王亚南参与本书的资料整理工作。全书的统稿与修改由隋向阳完成。感谢烟台城乡建设学校的王广志和刘敏蓉对本书的技术指导。

由于编者水平有限,书中难免存在疏漏和不当之处,谨请使用本书的读者批评指正。

编　者

目 录
CONTENTS

绪　论

项目目标 >>>>>>>

【知识目标】

1.了解工程测量职（执）业发展；

2.熟悉工程测量的概念及应用；

3.掌握工程测量的任务与作用。

【技能目标】

能够明确建筑工程测量的学习目标和学习方法。

【课时建议】

2 课时

1. 工程测量的概念及应用

(1)工程测量的概念

从工程建设的角度来讲,测量学是研究地球的形状、大小和地表(包括地面上各种物体)的几何形状及其空间位置的科学。从数学原理可知,物体的几何形状及大小可由此物体的一些特征点位置,如它们在空间直角坐标系中的坐标 x、y、z 值来求得。因此,测量工作的一个基本任务便是求得点在规定坐标系中的坐标值。

(2)工程测量的应用

测绘科学技术的应用范围非常广阔,在国民经济建设、国防建设以及科学研究等领域都占有重要的地位,不论是国民经济建设还是国防建设,其勘测、设计、施工、竣工及运营等阶段都需要测绘工作,而且都要求测绘工作"先行"。

①在国民经济建设领域:测绘信息是国民经济和社会发展规划中最重要的基础信息之一。例如,农田水利建设、国土资源管理、地质矿藏的勘探与开发、交通航运的设计、工矿企业和城乡建设的规划、海洋资源的开发、江河的治理、大型工程建设、土地利用、土壤改良、地籍管理、环境保护、旅游开发等,都必须首先进行测绘,并提供地形图与数据等资料,才能保证规划设计与施工的顺利进行。在其他领域,如地震灾害的预报、航天、考古、探险,甚至人口调查等工作中,也都需要测绘工作的配合。

②在国防建设领域:测绘工作为打赢现代化战争提供测绘保障。例如,各种军事工程的设计与施工、远程导弹、人造卫星或航天器的发射及精确入轨、战役及战斗部署、各军兵种军事行动的协同等,都离不开地图和测绘工作的保障。

③在科学研究领域:诸如航天技术、地壳形变、地震预报、气象预报、滑坡监测、灾害预测和防治、环境保护、资源调查以及其他科学研究中,都要应用测绘科学技术,需要测绘工作的配合。地理信息系统(GIS)、数字城市、数字中国、数字地球的建设,都需要现代测绘科学技术提供基础数据信息。

GPS(全球定位系统)是英文 Global Positioning System 的简称,而其中文简称为"全球定位系"。GPS 是 20 世纪 70 年代由美国陆、海、空三军联合研制的新一代空间卫星导航定位系统。其主要目的是为陆、海、空三大领域提供实时、全天候和全球性的导航服务,并用于情报收集、核爆监测和应急通信等一些军事目的。经过 20 余年的研究实验,耗资 300 亿美元,到 1994 年 3 月,全球覆盖率高达 98% 的 24 颗 GPS 卫星已布设完成。

北斗卫星导航系统[BeiDou(COMPASS)Navigation Satellite System]如图 0.1 所示,是我国正在实施的自主研发、独立运行的全球卫星导航系统。与美国 GPS、俄罗斯格罗纳斯(GLONASS)、欧盟伽利略(GALILEO)系统并称全球四大卫星导航系统。

图 0.1 北斗卫星导航系统

北斗卫星导航系统由空间端、地面端和用户端三部分组成。空间端包括 5 颗静止轨道卫星和 30 颗非静止轨道卫星。地面端包括主控站、注入站和监测站等若干地面站。用户端由北斗用户终端以及与美国 GPS、俄罗斯格罗纳斯、欧洲伽利略等其他卫星导航系统兼容的终端组成。

2. 工程测量职(执)业发展

(1)测量放线工

职业概述:从事建筑施工放线作业的人员,利用测量仪器和工具,测量建筑物的平面位置和标高,并按施工图放实样、平面尺寸等。本职业共设三个等级,分别为:初级(国家职业资格五级)、中级(国家职业资格四级)和高级(国家职业资格三级)。

工作内容:

①图样审查工作:施工前,要对图样的主要尺寸、标高、轴线进行核查、核算。

②技术复核工作:技术复核是指在施工前依据有关标准和设计文件,对重要的和涉及工程全局的技术工作进行复查、核对的工作,以避免在施工中发生重大差错,从而保证工程质量。

③工程质量检查和验收:根据需要,随时对工程的位置、尺寸、标高、垂直度、水平度、坡度等进行检查和验收。

④建立和健全原始记录测量:记录簿记录应齐全、准确、清晰,并加强测量记录簿的检查、核算、存档、保管工作。

职业发展:可以从事土木工程施工员、工长、建造师等工作。

(2)工程测量员

职业概述:使用测量仪器设备,按工程建设的要求,依据有关技术标准进行测量的人员。本职业共设五个等级,分别为:初级(国家职业资格五级)、中级(国家职业资格四级)、高级(国家职业资格三级)、技师(国家职业资格二级)、高级技师(国家职业资格一级)。

工作内容:进行工程测量中控制点的选点和埋石;进行工程建设施工放样、建筑施工测量、线型工程测量、桥梁工程测量、地下工程施工测量、水利工程测量、地质测量、地震测量、矿山井下测量、建筑物形变测量等专项测量中的观测、记簿,以及工程地形图的测绘;进行外业观测成果资料整理、概算,或将外业地形图绘制成地形原图;检验测量成果资料,提供测量数据和测量图件;维护保养测量仪器、工具。

职业发展:依据申请人所专注的领域,受聘于政府的工程测量员会被派往地政、土木工程、路政、建筑或房屋等部门工作。此外,很多测量员还任职于私营机构,他们从事的工作包括执业经营、楼宇发展及物业管理等。政府及私营机构即将开展的大量发展物业及基本建设的有关工程将使建造业对各类测量人员的需求继续保持增长的趋势。

(3)注册测绘师

职业概述:测绘师是指掌握测绘学的基本理论、基本知识和基本技能,具备地面测量、海洋测量、空间测量、摄影测量与遥感学以及地图编制等方面的知识,能在国民经济各部门从事国家基础测绘建设,陆海空运载工具导航与管理,城市和工程建设,矿产资源勘察与开发,国土资源调查与管理等测量工作,地图与地理信息系统的设计、实施和研究,在环境保护与灾害预防及地球动力学等领域从事研究、管理、教学等方面工作的工程技术人才。

工作内容:

①执业能力:熟悉并掌握国家测绘及相关法律、法规和规章;了解国际、国内测绘技术发展状况,具有较丰富的专业知识和技术工作经验,能够处理较复杂的技术问题;熟练运用测绘相关标准、规范、技术手段,完成测绘项目技术设计、咨询、评估及测绘成果质量检验管理;具有组织实施测绘项目的能力。

②执业范围:测绘项目技术设计;测绘项目技术咨询和技术评估;测绘项目技术管理、指导与监督;测绘成果质量检验、审查、鉴定;国务院有关部门规定的其他测绘业务。

根据原人事部、国家测绘局发布的《注册测绘师制度暂行规定》和《注册测绘师资格考试实施办法》规定,注册测绘师资格考试专家委员会受原人事部、国家测绘局委托,编写了《注册测绘师考试大纲》,并经人力资源和社会保障部组织专家审定通过。考试科目分为《测绘管理与法律法规》《测绘综合能力》《测绘案例分析》三个科目。应试人员必须在一个考试年度内参加全部三个科目的考试并合格,方可获得注册测绘师资格证书。

职业发展:经考试取得证书者,受聘于一个具有测绘资质的单位,经过注册后,才可以注册测绘师的名义执业。注册测绘师应在一个具有测绘资质的单位,开展与该单位测绘资质等级和业务许可范围相应的测绘执业活动。测绘活动中的关键岗位需由注册测绘师来担任,在测绘活动中形成的技术设计和测绘成果质量文件,必须由注册测绘师签字并加盖执业印章后方可生效。

(4)职业资格和执业资格的区别

职业资格是对从事某一职业所必备的学识、技术和能力的基本要求。职业资格包括从业资格和执业资格。从业资格是指从事某一专业(工种)学识、技术和能力的起点标准;执业资格是指政府对某些责任较大、社会通用性强,关系公共利益的专业实行准入控制,是依法独立开业或从事某一特定专业学识、技术和能力的必备标准。

3. 工程测量与建造的关系

一般情况下,人们习惯把工程建设中所有测绘工作统称为工程测量,本书主要围绕建筑工程项目建造过程所涉及的测量工作进行阐述,实际上工程测量包括在工程建设勘测、设计、施工和管理阶段所进行的各种测量工作,它是直接为各项建设项目的勘测、设计、施工、安装竣工、监测以及营运管理等一系列工程工序服务的,可以这样说,没有测量工作为工程建设提供数据和图纸,并及时与之配合和进行指挥,任何工程建设都无法进展和完成。

工程测量是一项极其重要的基础性工作,对现场施工管理具有积极的指导意义。在实施施工放样前,测量员需了解设计意图,学习和校核图纸,参与图纸会审。测量作业的各项技术按《工程测量规范》(GB 50026—2007)进行,对进场的测量仪器设备进行核定校正。会同建设单位一起对红线桩测量控制点进行实地校测,根据设计院给定总平面坐标系统校对坐标,计算各主要部位放样坐标,进行现场放样,将放样成果交底给现场施工管理员。使施工员对施工场地现状有明确的认识,制订科学合理的施工方案。综上所述,工程测量对现场施工管理起到指导作用,明确了施工的方向,避免盲目指挥操作。

4. 建筑工程测量的任务与作用

建筑工程测量分四个阶段进行。

①施工准备阶段:校核设计图纸与建设单位移交的测量点位、数据等测量依据。根据设计与施工要求编制施工测量方案,并按施工要求进行施工场地及暂设工程测量。根据批准后的施工测量方案,测设场地平面控制网与高程控制网。场地控制网的坐标系统与高程系统应与设计一致。

②施工阶段:根据工程进度对建筑物、构筑物定位放线、轴线控制、高程抄平与竖向投测等,作为各施工阶段按图施工的依据。在施工的不同阶段,做好工序之间的交接检查工作与隐蔽工程验收工作,为处理施工过程中出现的有关工程平面位置、高程和竖直方向等问题提供实测标志与数据。

③工程竣工阶段:检测工程各主要部位的实际平面位置、高程和竖直方向及相关尺寸,作为竣工验收的依据。工程全部竣工后,根据竣工验收资料,编绘竣工图,作为工程运行、管理的依据。

④变形观测:对设计与施工指定的工程部位,按拟定的周期进行沉降、水平位移与倾斜等变形观测,作为验证工程设计与施工质量的依据。

总的来看,建筑工程测量工作可分为两类:一类是测定点的坐标,如测绘地形图、竣工测量、建筑物变形观测,这类工作称为测定;另一类是将图纸上坐标已知的点在实地上标定出来,如施工放样,这类工作称为测设。

5. 本课程的学习目的

"建筑工程测量"是建筑工程类专业学生的专业基础必修课程,是一门实践性强、理论和实践紧密结合的课程。本课程的目的主要是解决学生在各类建筑工程建设中需掌握的测量基础理论、基本方法和基本技能,培养学生的动手及实践能力,使学生掌握常用测量仪器和工具的使用方法,掌握水准测量、高差测量、距离测量的基本理论、基本知识,掌握大比例尺地形图的识读和应用,掌握小地区控制测量的理论和方法,了解先进测绘技术的发展及应用,能进行建筑物的定位与放线。在工程施工和管理中,具备正确应用有关测量资料的能力,培养认真细致的工作作风和严谨的科学态度,为学生后续课程的学习和从事建筑工程勘测、设计、施工和管理工作奠定必要的基础。

基础同步

一、填空题

1. 测量学是研究_____和_____的科学。

2. 全球四大卫星导航系统是指:_____、_____、_____、_____。

3. 北斗卫星导航系统由_____、_____、_____三部分组成。

4. 建筑工程施工测量分_____、_____、_____、_____四个阶段。

二、判断题

1. 测绘地形图、竣工测量这样的工作在测量中属于测定工作。　　　　　　　　　　　　（　　）

2. 施工阶段要根据设计与施工要求编制施工测量方案。　　　　　　　　　　　　　　（　　）

3. 注册测绘师可受聘于多个具有测绘资质的单位进行执业。　　　　　　　　　　　　（　　）

4. 工程测量是一项基础性工作,为工程建设各阶段服务。　　　　　　　　　　　　　（　　）

三、简答题

1. 简述工程测量的应用。

2. 简述建筑工程施工测量施工阶段的任务。

3. 简述本课程的学习目的。

项目 **1** 测量基础

项目
目标 ❯❯❯❯❯❯

【知识目标】

1. 理解测量误差的基本知识；
2. 掌握建筑工程测量的任务、基本原则及一般程序；
3. 掌握地面点位置确定方法、必备的数学知识及坐标计算基本知识。

【技能目标】

能够根据已知的测量数据信息正确计算施工放样的坐标、距离、角度等测量参数。

【课时建议】

4 课时

1.1 工程测量概述

1.1.1 工程测量基本任务与程序

1.工程测量学

工程测量学是研究工程建设在勘测设计阶段、施工准备阶段、施工阶段、竣工验收阶段以及交付使用后的服务管理阶段所进行的各种测量工作的一门学科。工程测量学的主要任务是为工程建设服务。就其性质而言,可分为测定和测设。

(1)测定

测定是指用恰当的测量仪器、工具和测量方法,对地球表面的地物(指人工构筑和自然形成的物体,如房屋、道路、桥梁、河流、湖泊及树木等)和地貌(指地表的形状、大小、高低起伏,如山头、山谷、山脊、悬崖峭壁等)的位置进行实地测量,并按照一定的比例尺缩绘成图的过程。测定的主要内容有图根控制测量、地形测绘、竣工测量、变形观测等。

(2)测设

测设是指用恰当的测量仪器、工具和测量方法将规划、设计在图上的建筑物、构筑物标定到实地上,作为施工依据的过程。测设的主要内容有建筑基线及建筑方格网的测设、施工放样、设备安装测量等。

无论是测定还是测设,都是确定点的位置的工作,可见工程测量的实质是确定点的位置。

2.测量工作的内容及一般程序

测量工作的基本内容是:高差测量、角度测量、距离测量。测量工作一般分外业和内业两种。外业工作的内容包括应用测量仪器和工具在测区内所进行的各种测定和测设工作。内业工作是将外业观测的结果加以整理、计算,并绘制成图以便使用。

测量工作的一般程序是:从整体到局部,从高级到低级,先控制后碎部。也就是说,在与工程项目建设有关的适当的范围内布设若干个"控制点",用较精密的方法和较精密的仪器测算出它们之间的位置关系,然后以这些"控制点"为基准点,再去测算出它们附近的各"碎部点"的位置。这样做可以使测量误差的传播与累积受到限制,并被控制在不影响工程质量的范围内。

技术点睛

在控制测量和碎步测量工作中都有可能发生错误,小错误影响成果质量,严重错误则造成返工浪费,甚至造成不可挽回的损失。为了避免出错,测量工作就必须遵循"前一步工作未做检核,不进行下一步工作"的原则。

1.1.2 高程基准面与高程系统

1.地球的形状与大小

地球的表面高低起伏,珠穆朗玛峰是最高的山峰,海拔8 848.13 m,海洋最深处在太平洋西部的马里亚纳海沟,深达11 034 m。地球表面的71%是海洋,陆地面积约占29%。地球近似一个椭球,如图1.1所示,其长半轴$a=6\ 378\ 245$ m,短半轴$b=6\ 356\ 863$ m。当测区面积不大时,可把地球看作圆球,其平均半径可由下式求得:$R=\dfrac{1}{3}(2a+b)=6\ 371$ km。

2.测量的基准线及基准面

(1)测量的基准线:铅垂线。

(2)测量的基准面有两种:水准面和水平面。其中水准面又分大地水准面和任意水准面。

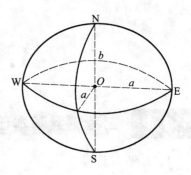

图1.1 地球椭球体

①水准面是指地球上自由静止的水面,它是一个曲面。水准面有无穷多个,其中设想一个处于完全静止的平衡状态、没有风浪潮汐等影响的海洋表面,以及由它延伸穿过陆地且处处与铅垂线方向成正交而形成的封闭的曲面称为大地水准面。各国一般都有各自的大地水准面,我国是以青岛验潮站通过多年的观测而测得的黄海平均海平面及其延伸而形成的封闭曲面作为大地水准面。除了大地水准面之外的水准面称为任意水准面。

②水平面是指与水准面相切的平面。当测区范围不大时,可把大地水准面看作平面。也就是说,在小测区进行测量时,可用水平面代替水准面。

3.高程系统

地理坐标或平面直角坐标只能反映地面点在参考椭球面上或某一投影面上的位置,并不能反映其高低起伏的差别,为此,需建立一个统一的高程系统。

首先要选择一个基准面。在一般测量工作中都以大地水准面作为基准面,因而地面上某一点到大地水准面的铅垂距离称为该点的绝对高程或海拔,又称为绝对高度,简称为高程,用 H 表示;地面上某一点到任一假定水准面的垂直距离称为该点的假定高程或相对高程,用 H' 表示。如图1.2所示,H_A、H_B 分别代表地面点 A、B 的绝对高程,H'_A、H'_B 分别代表 A、B 点的相对高程。

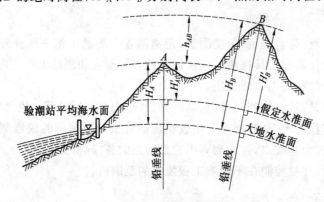

图1.2 高程与高差

由图1.2可以看出,大地水准面是确定地面点高程的基准面(起算面),在大地水准面上的所有点,绝对高程均为零,而一个与平均海水面重合并延伸到大陆内部的水准面就是大地水准面。所以平均海水面实际上就是高程基准面。它的获得是通过在沿海某处设立验潮站经过长期测定海水面的高度,取其平均值,作为高程的零点。由于各海洋的水面高度存在差异,平均海水面的高度也就不一样。我国曾采用青岛验潮站求得的1956年黄海平均海水面作为全国统一高程基准面,其绝对高程为零。青岛验潮站附近埋设的水准原点高程为 72.289 m。我国又自1987年开始采用新的高程基准,即采用青岛验潮站1952～1979年潮汐观测资料的平均海水面,称为"1985年国家高程基准"。用此基准面测出水准原点高程为 72.260 m,比原"黄海高程系统"的高程小 0.029 m。

两地面点的绝对高程或假定高程之差称为高差。高差是相对的,其值有正、负,如果测量方向由 A 到 B,A 点高,B 点低,则高差 $h_{AB} = H_B - H_A = H'_B - H'_A$,为负值;若测量方向由 B 到 A,即由低点测到高点,则高差 $h_{BA} = H_A - H_B = H'_A - H'_B$,为正值。显然 $h_{AB} = -h_{BA}$。

1.1.3　地面点位确定

1.地面点位的确定方法

确定地面点的位置,通常是求出它与大地水准面的关系。从几何学中知道,一点的空间位置需要三个独立的量来确定。在测量学中,这三个量就是地面点在大地水准面上的投影位置和该点到大地水准面的铅垂距离。

(1)地面点的高程

在建筑工程中,为了对建筑物整体高程定位,均在总图上标明建筑物首层地面的设计绝对高程。此外,为了方便施工,在各种施工图中多采用相对高程。一般将建筑物首层地面定为假定水准面,其相对高程为±0.000。假定水准面以上高程为正值;假定水准面以下高程为负值。

(2)地面点的平面位置

地面点在大地水准面上的投影,可用地理坐标来表示,即天文经度和纬度。它通常用在大地测量和地图绘制中。而在小地区的工程测量中,可将其大地水准面看成水平面,则地面点的投影可用平面直角坐标来表示。

①地理坐标。当研究整个地球的形状或进行大区域范围的测量工作时,可采用如图 1.3 所示的球面坐标系统来确定点的位置。地面点的坐标可用经度 λ 和纬度 φ 表示,经度 λ 和纬度 φ 称为该地面点的地理坐标。例如,北京某点 P 的地理坐标为东经 $116°20'$,北纬 $39°36'$。

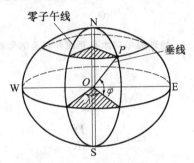

图 1.3　球面坐标系统

②平面直角坐标。在小区域的范围内,将大地水准面看作水平面,由此而产生的误差不大时,便可以用平面直角坐标来代替球面坐标。根据研究分析,在以 10 km 为半径的范围内,可以用水平面代替水准面,由此产生的变形误差对一般测量工作而言,可以忽略不计。

因此,在进行一般工程项目的测量工作时,可以采用平面直角坐标系统,即将小块区域直接投射到平面上进行有关计算;在满足测量工作精度的基础上,简化计算。

图 1.6 为一平面直角坐标系统,规定坐标纵轴为 x 轴且表示南北方向,向北为正,向南为负;横轴为 y 轴且表示东西方向,向东为正,向西为负。为了避免测区内的坐标出现负值,可将坐标原点选择在测区的西南角上。

独立平面直角坐标系,适用于当测量的范围较小,测区附近无任何大地点可以利用,测量任务又不要求与全国统一坐标系相联系的情况下,可以把该测区的地表一小块球面当作平面看待,建立该地区的独立平面直角坐标系。

在房屋建筑或其他工程建筑工地,为了便于对其平面位置进行施工放样,建筑坐标系所采用的平面直角坐标系与建筑设计的轴线相平行或垂直,对于左右、前后对称的建筑物,甚至可以把坐标原点设置于其对称中心,以简化计算。将独立平面直角坐标系或建筑坐标系与当地高斯平面直角坐标系进行连测后,可以将点的坐标在这两种坐标系之间进行坐标换算。

③高斯平面直角坐标。当测区范围较大时,将水准面看作水平面开展测量工作不符合精度要求。此时可采用高斯投影的方法,建立高斯平面直角坐标系。这一坐标系统可以参考相关文献资料。

如前所述,地面点的空间位置是以投影平面上的坐标(x、y)和高程(H)决定的,而点的坐标一般是通过水平角测量和水平距离测量来确定的,点的高程是通过测定高差来确定的。所以,测角、测量距和测高差是测量的三项基本工作。

2.用水平面代替水准面的限度

(1)地球曲率对水平距离的影响

如图1.4所示,地面点 A、B、C 在大地水准面上的投影为 a、b、c,在水平面上的投影为 a、b'、c',水平面与大地水准面相切于 a 点。其投影之差 $\Delta D = D' - D$。

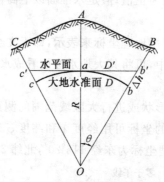

图 1.4　地球曲率对水平距离和高差的影响

经数学推导,可以得出:

$$\Delta D = \frac{D^3}{3R^2} \tag{1.1}$$

$$\Delta D / D = \frac{D^2}{3R^2} \tag{1.2}$$

式中　D'——a 与 b' 之间的距离;

　　　D——a 与 b 之间的弧长;

　　　R——地球半径,$R = 6\,371$ km。

以不同的距离 D 代入式(1.1)、(1.2)可得到不同的结果,见表1.1。

表 1.1　地球曲率对水平距离的影响值

D/km	$\Delta D/\mathrm{cm}$	$\Delta D/D$
5	0.1	1/4 870 000
10	0.8	1/1 220 000
20	6.6	1/304 000
50	102.7	1/48 700

由表1.1可知,当水平距离为 10 km 时,以水平面代替水准面所产生的距离误差仅为距离的1:1 200 000,而目前最精密的距离丈量的容许相对误差为1:1 000 000。由此可以得出一个很重要的结论:在半径为 10 km 的圆面积内可以用水平面代替水准面,这样做所引起的距离误差可以忽略不计。也就是说,对距离测量而言,用水平面代替水准面的限度是以 10 km 为半径的圆面积内。超出这个限度就需考虑地球曲率对距离丈量工作的影响,此时就应用式(1.1)进行距离修正。

（2）地球曲率对高程的影响

如图 1.4 所示，地面点 B 的绝对高程为 Bb，如果用水平面代替水准面，则 B 点的高程为 Bb'，其差值 Δh 就是用水平面代替水准面后对高程的影响，见表 1.2。

表 1.2　地球曲率对高程的影响值

D/km	0.05	0.1	0.2	1	10
$\Delta h/\text{mm}$	0.2	0.8	3.1	78.5	7 850

1.2　数学知识及坐标计算

1.2.1　平面直角坐标系及换算

1.直角坐标系

（1）平面直角坐标系

①数学平面直角坐标系。它由一平面内两条互相垂直的横坐标轴 x 和纵坐标轴 y 以及它们的交点（原点）O，加上规定的正方向和选定的单位长度构成，如图 1.5 所示。

在图 1.5 中，Ox、Oy 为正方向，反之为负方向；Ox 逆时针转向 Oy 为正方向；象限划分从 Ox 起按逆时针方向编号。

②测量平面直角坐标系。它与数学平面直角坐标系不同处在于：x 轴为纵轴，正方向指北，负方向指南。y 轴为横轴，正方向指东，负方向指西。象限划分从 Ox 起按顺时针方向编号，如图 1.6 所示。

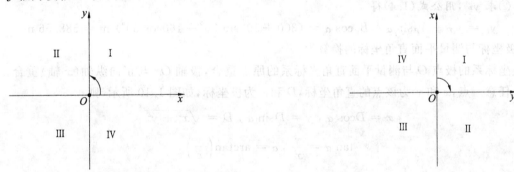

图 1.5　数学平面直角坐标系　　　　　图 1.6　测量平面直角坐标系

③建筑平面直角坐标系。它是建筑场地经常采用的假定的独立坐标系，其纵轴为 A 轴，横轴为 B 轴，交点（原点）为 O。A 轴方向自定（往往平行于建筑物主轴线），B 轴与 A 轴垂直。任意一点 M 的坐标 $A=L_1$，$B=L_2$，如图 1.7 所示。

（2）极坐标系

在平面上任取一点 O（极），并作射线 Ox，如图 1.8 所示，在平面上任意一点 M 的位置可由两个数来确定：

①表示线段 OM 的长度 D。

②表示 $\angle xOM$ 大小的 $\angle \alpha$。

长度 D 和 $\angle C$ 称为 M 点的极坐标。

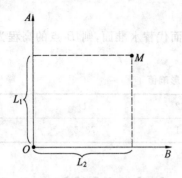

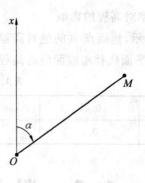

图 1.7　建筑平面直角坐标系　　　　　　　　图 1.8　极坐标系

2.坐标系统换算

（1）建筑平面直角坐标系与测量平面直角坐标系换算，如图 1.9 所示。P 点在测量坐标系中的坐标为 x_P,y_P，在建筑平面直角坐标系中的坐标为 A_P,B_P。若要将 P 点的建筑平面直角坐标换算成相应的测量坐标，可采用下列公式计算：

$$x_P = x_{O'} + A_P\cos\alpha - B_P\sin\alpha \tag{1.3}$$

$$y_P = y_{O'} + A_P\sin\alpha + B_P\cos\alpha \tag{1.4}$$

【案例实解】

已知 P 点的建筑坐标，求其测量坐标，如图 1.9 所示。已知 P 点坐标 $A_P=300$ m，$B_P=160$ m，O' 点的测量坐标 $x_{O'}=200$ m，$y_{O'}=300$ m，Ox 轴与 $O'A$ 轴的夹角 $\alpha=30°$，求 P 点的测量坐标 x_P，y_P。

解　①求 x_P，用公式（1.3）得

$$x_P = x_{O'} + A_P\cos\alpha - B_P\sin\alpha = (200 + 300\cos30° - 160\sin30°)\,\text{m} = 379.81\,\text{m}$$

②求 y_P，用公式（1.4）得

$$y_P = y_{O'} + A_P\sin\alpha + B_P\cos\alpha = (300 + 300\sin30° + 160\cos30°)\,\text{m} = 588.56\,\text{m}$$

（2）极坐标与测量平面直角坐标的换算

令极坐标系的极点 O 与测量平面直角坐标系的原点重合，极轴 Ox 与正向纵轴（x 轴）重合。设 M 为平面上任意一点，x 和 y 为该点的直角坐标，D 和 α 为极坐标，如图 1.10 所示，则

$$x = D\cos\alpha，y = D\sin\alpha，D = \sqrt{x^2 + y^2}$$

反之：

$$\tan\alpha = \frac{y}{x}，\alpha = \arctan\left(\frac{y}{x}\right)$$

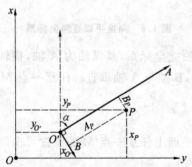

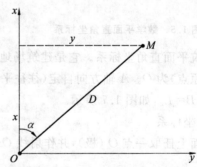

图 1.9　直角坐标系之间的换算　　　　　　　图 1.10　极坐标与测量平面直角坐标换算

1.2.2　直线方位角和象限角

1.直线的方位角

测量工作中,常用方位角表示直线的方向。由标准方向的北端起,顺时针方向量到某直线的夹角,称为该直线的方位角,角值范围为 $0° \sim 360°$。由于规定的标准方向不同,直线的方位角有如下三种:

(1)真方位角

从真子午线方向的北端起,顺时针至直线间的夹角,称为该直线的真方位角,用 A 表示。

(2)磁方位角

从磁子午线方向的北端起,顺时针至直线间的夹角,称为磁方位角,用 A_m 表示。

(3)坐标方位角

直线 AB 的坐标方位角为 α_{AB}。直线 BA 的坐标方位角为 α_{BA},α_{BA} 又称为直线 AB 的反坐标方位角。由图 1.11 中可看出正、反坐标方位角的关系为

$$\alpha_{BA} = \alpha_{AB} \pm 180° \tag{1.5}$$

2.直线的象限角

由坐标纵轴的北端或南端起,顺时针或逆时针至直线间所夹的锐角,并注出象限名称,称为该直线的象限角,以 R 表示,角值范围为 $0° \sim 90°$,如图 1.12 所示。

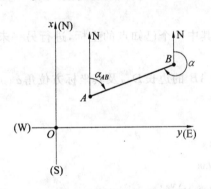

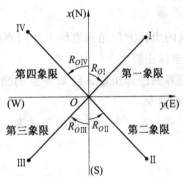

图 1.11　坐标方位角　　　　　　　　　图 1.12　直线象限角

3.坐标方位角与象限角的换算

坐标方位角与象限角的换算关系如图 1.13 所示,换算公式见表 1.3。

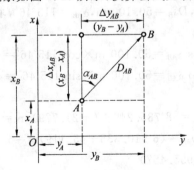

图 1.13　坐标计算

表 1.3　坐标方位角与象限角的换算公式

直线方向	由坐标方位角推算象限角	由象限角推算坐标方位角
第Ⅰ象限	$R=\alpha$	$\alpha=R$
第Ⅱ象限	$R=180°-\alpha$	$\alpha=180°-R$
第Ⅲ象限	$R=\alpha-180°$	$\alpha=180°+R$
第Ⅳ象限	$R=360°-\alpha$	$\alpha=360°-R$

【案例实解】

已知直线 AB 的方位角为 $\alpha_{AB}=135°30'30''$，求直线 BA 的象限角 R_{BA}。

解　根据正反方位角关系，$\alpha_{BA}=\alpha_{AB}\pm180°$，得到

$$\alpha_{BA}=\alpha_{AB}+180°=135°30'30''+180°=315°30'30''$$

因为 $\alpha_{BA}=315°30'30''\in(270°\sim360°)$，所以，$\alpha_{BA}$ 为第四象限的角。

第四象限中，$R=360°-\alpha$，所以 $R_{BA}=360°-315°30'30''=44°29'30''$。

1.2.3　坐标正算与反算

1. 坐标增量（Δx，Δy）

AB 直线的终点 $B(x_B,y_B)$ 对起点 $A(x_A,y_A)$ 的坐标增量（Δx_{AB}，Δy_{AB}）如图 1.14 所示。

2. 坐标正算

已知直线的坐标方位角和直线上某两点间的距离及其中一个已知点的坐标，进行另一未知点坐标的计算，称为坐标正算。

①坐标正算的已知条件。已知 A 点的坐标 x_A、y_A 和 AB 的边长 D_{AB} 及其坐标方位角 α_{AB}，如图1.13所示，求 B 点的坐标。

②坐标正算公式。未知点 B 的坐标为

$$x_B=x_A+\Delta x_{AB} \tag{1.6a}$$
$$y_B=y_A+\Delta y_{AB} \tag{1.6b}$$

③已知 AB 边长 D_{AB}、方位角 α_{AB}，求其坐标增量 Δx_{AB}、Δy_{AB}。

$$\Delta x_{AB}=x_B-x_A=D_{AB}\cos\alpha_{AB} \tag{1.7a}$$
$$\Delta y_{AB}=y_B-y_A=D_{AB}\sin\alpha_{AB} \tag{1.7b}$$

【案例实解】

已知 $A(8\,735.249,6\,910.338)$，$D_{AB}=50.100$ m，$\alpha_{AB}=115°46'$，求 B 点的坐标。

解　（1）求坐标增量 Δx_{AB}，Δy_{AB}

$$\Delta x_{AB}=D_{AB}\cos\alpha_{AB}=50.100\text{ m}\times\cos115°46'=-21.779\text{ m}$$
$$\Delta y_{AB}=D_{AB}\sin\alpha_{AB}=50.100\text{ m}\times\sin115°46'=+45.119\text{ m}$$

（2）求 B 点坐标（x_B，y_B）

$$x_B=x_A+\Delta x_{AB}=[8\,735.249+(-21.779)]\text{m}=8\,713.470\text{ m}$$
$$y_B=y_A+\Delta y_{AB}=(6\,910.338+45.119)\text{m}=6\,955.457\text{ m}$$

故 B 点的坐标为（$8\,713.470,6\,955.457$）。

3. 坐标反算

根据两个已知点的坐标求两点间的距离及其方位角，称为坐标的反算。

（1）求两点的水平距离

$$D_{AB}=\sqrt{(x_B-x_A)^2+(y_B-y_A)^2} \tag{1.8a}$$

(2)求直线的方位角

步骤:①先求象限角

$$R_{AB} = \arctan\left|\frac{\Delta y_{AB}}{\Delta x_{AB}}\right| = \arctan\left|\frac{y_B - y_A}{x_B - x_A}\right| \tag{1.8b}$$

②根据坐标增量判断直线的象限,如图 1.14 所示,汇总结果见表 1.4。

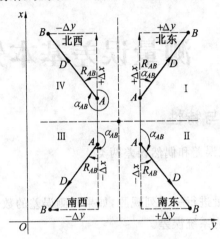

图 1.14 坐标增量符号

表 1.4 坐标增量汇总

坐标增量的正负	象限
$\Delta x > 0, \Delta y > 0$	第 I 象限
$\Delta x < 0, \Delta y > 0$	第 II 象限
$\Delta x < 0, \Delta y < 0$	第 III 象限
$\Delta x > 0, \Delta y < 0$	第 IV 象限

③根据象限角和坐标方位角的关系,见表 1.3,确定直线方位角的大小。

4. 坐标方位角的推算

在实际测量工作中并不需要直接测定每条直线的坐标方位角,而是通过与已知坐标方位角的直线连测后,推算出各条直线的坐标方位角。如图 1.15 所示,已知 α_{12},观测了水平角 β_2 和 β_3,要求推算直线 23 和直线 34 的坐标方位角,从图中分析可有:

$$\alpha_{23} = \alpha_{21} - \beta_2 = \alpha_{12} + 180° - \beta_2$$
$$\alpha_{34} = \alpha_{32} - \beta_3 = \alpha_{23} + 180° + \beta_3$$

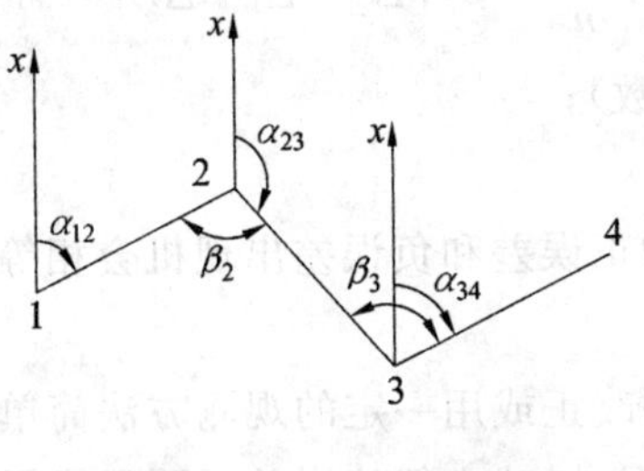

图 1.15 方位角的推算

因 β_2 在推算路线前进方向的右侧,称为右折角;β_3 在左侧,称为左折角。由此可归纳出坐标方位角推算的一般公式:

$$\alpha_{前} = \alpha_{后} + 180° + \beta_{左} \tag{1.9a}$$
$$\alpha_{前} = \alpha_{后} + 180° - \beta_{右} \tag{1.9b}$$

技术点睛

方位角推算时牢记："左角加右角减"，若计算出的方位角大于360°减去360°，出现负值加360°。

1.3 测量误差基本知识

1.3.1 测量误差分类与特性

真误差按其性质可分为系统误差和偶然误差两类。

1. 系统误差

在相同的观测条件下，对某量进行一系列观测，如果观测误差的数值大小和正负号按一定的规律变化或保持一个常数，这种误差称为系统误差。

系统误差有下列特点：

①系统误差的大小（绝对值）为一常数或按一定规律变化。

②系统误差的符号（正、负）保持不变。

③系统误差具有累积性，即误差大小以一定的函数关系累积。

系统误差对测量结果的影响可以通过分析找出规律，计算出某项系统误差的大小，然后对观测结果加以改正，或者用一定的观测程序和观测方法来消除系统误差的影响，把系统误差的影响尽量从观测结果中消除。

2. 偶然误差

在相同的观测条件下，对某量进行一系列的观测，若误差出现的符号可正可负，数值可大可小，从表面上看没有任何规律性，这种性质的误差称为偶然误差。

偶然误差从表面上看没有规律，但对大量误差的总体而言，却具有如下统计规律：

①在一定的观测条件下，偶然误差的绝对值不会超过一定限值。

②绝对值相等的正误差和负误差出现的概率相等。

③绝对值小的误差比绝对值大的误差出现的机会多。

④当观测次数无限多时，偶然误差的算术平均值的极限为零，即

$$\lim_{n \to \infty} \frac{[\Delta]}{n} = 0 \ ([\Delta] = \Delta_1 + \Delta_2 + \cdots + \Delta_n)$$

式中 n——观测次数（偶然误差个数）；

Δ——观测误差（偶然误差）。

根据偶然误差的"绝对值相等的正误差和负误差出现机会相等"的特性，我们可以采用多次观测，取观测值的算术平均值作为最终结果。

实践证明，偶然误差不能用计算改正或用一定的观测方法简单地加以消除，只能根据偶然误差的特性来改进观测方法并合理地处理数据，以减少偶然误差对测量成果的影响。

3.测量粗差

测量过程中,有时由于人为的疏忽或措施不到位可能出现粗差。例如,读数错误,记录时误听、误记,计算时弄错符号、点错小数点等。

在一定的观测条件下,误差是不可避免的。而产生粗差的主要原因是工作中的粗心大意造成的,显然,观测结果中不容许存在粗差,且粗差是可以避免的。

技 术 点 睛

如何及时发现粗差,并把它从观测结果中清除掉,除了测量人员加强工作责任感,认真细致地工作外,通常还要采取各种校核措施,防止产生测量粗差。

1.3.2 衡量精度的标准

1.中误差

设在相同的观测条件下,对任一未知量进行了 n 次观测,其观测值分别为 $L_1, L_2, \cdots, L_n$。若该未知量的真值为 $X, \Delta_1, \Delta_2, \cdots, \Delta_n$ 为真误差,通常以各个真误差的平方和的平均值再开方作为评定该组每一观测值的精度的标准,即

$$m = \pm \sqrt{\frac{[\Delta\Delta]}{n}} \tag{1.10}$$

$$[\Delta\Delta] = \Delta_1^2 + \Delta_2^2 + \cdots + \Delta_n^2$$

式中 m —— 观测值的中误差,亦称均方误差;

n —— 观测次数;

Δ_i —— 真误差,$\Delta_i = X - L_i$;

X —— 观测值的真值。

从上式可以看出中误差与真误差的关系,中误差不等于真误差,它仅是一组真误差的代表值。

$$m = \pm \sqrt{\frac{[\nu\nu]}{n-1}} \tag{1.11}$$

式中 ν —— 观测值改正数。

2.限差

限差又称极限误差或容许误差。在等精度观测的一组误差中,绝对值大于一倍中误差的偶然误差,其出现的概率为 32%;大于两倍中误差的偶然误差,其出现的概率只有 5%;大于三倍中误差的偶然误差出现的概率仅有 0.3%。因此,在观测次数不多的情况下,可认为大于三倍中误差的偶然误差实际上是不可能出现的,通常以三倍中误差为偶然误差的限差,即

$$\Delta_{限} = 3m \tag{1.12}$$

在实际工作中,有的测量规范规定以两倍中误差作为限差,即

$$\Delta_{限} = 2m \tag{1.13}$$

3.相对误差

前面提及的真误差、中误差及限差都是绝对误差。单纯比较绝对误差的大小,有时还不能判断观测结果精度的高低。

对某量观测的绝对误差与该量的真值(或近似值)之比称为相对误差。相对误差能够确切描述观测量的精确度。

$$k = \frac{\Delta}{x} \tag{1.14}$$

例如,测量两段距离,第一段的长度为 150 m,其中误差为 ±3 cm;第二段长度为 300 m,其中误差为 ±4 cm。如果单纯用中误差的大小评定其精度就会得出前者精度比后者精度高的错误结论。因此,必须用相对误差来评定精度。

在上例中,第一段的相对误差为

$$K_1 = \frac{0.03 \text{ m}}{150 \text{ m}} = 1/5\,000$$

第二段的相对误差为

$$K_2 = \frac{0.04 \text{ m}}{300 \text{ m}} = 1/7\,500$$

结果显示,后者精度高于前者。

1.3.3 计算中数值的凑整规则

测量计算过程中,一般都存在数值取位的凑整问题。由于数值取位的取舍而引起的误差称为凑整误差。为了尽量减弱凑整误差对测量结果的影响,避免凑整误差的累积,在计算中通常采用如下凑整规则:若以保留数字的末位为单位,当其后被舍去的部分大于 0.5 时,则末位进 1;当其后被舍去的部分小于 0.5 时,则末位不变;当其后被舍去的部分等于 0.5 时,则末位凑成偶数,即末位为奇数时进 1,为偶数或零时末位不变(5 前单进双不进)。例如,将下列数据取舍到小数点后三位为

3.141 59	3.142
3.513 29	3.513
9.750 50	9.750
4.513 50	4.514
2.854 500	2.854
1.258 501	1.259

上述的凑整规则对于被舍去的部分恰好等于 5 时凑成偶数的方法作了规定,其他情况与一般数学计算相同。

从统计学的角度,"奇进偶舍"比"四舍五入"要科学,在大量运算时,它使舍入后的结果误差的均值趋于零,而不是像四舍五入那样逢五就入,导致结果偏向大数,使得误差产生积累进而产生系统误差,"奇进偶舍"使测量结果受到舍入误差的影响降到最低。

一、选择题

1. 下列关于水准面的描述,正确的是( )。

A.水准面是平面,有无数个

B.水准面是曲面,只有一个

C.水准面是曲面,有无数个

D.水准面是平面,只有一个

2.在测量直角坐标系中,纵轴为(　　)。

A.x轴,向东为正　　　　　　　　　　　　　B.y轴,向东为正

C.x轴,向北为正　　　　　　　　　　　　　D.y轴,向北为正

3.建筑施工图中标注的某部位标高,一般都是指(　　)。

A.绝对高程　　　　　　B.相对高程　　　　　　C.高差

4.在以(　　)km为半径的范围内,可以用水平面代替水准面进行距离测量。

A.5　　　　　　　　　B.10　　　　　　　　　C.15　　　　　　　　　D.20

5.大地水准面处处与铅垂线(　　)。

A.正交　　　　　　　　B.平行　　　　　　　　C.重合　　　　　　　　D.斜交

6.已知某直线的坐标方位角为58°15′,则它的反坐标方位角为(　　)。

A.58°15′　　　　　　　B.121°15′　　　　　　C.238°15′　　　　　　D.211°15′

7.第Ⅳ象限直线,象限角R和坐标方位角α的关系为(　　)。

A.$R=\alpha$　　　　B.$R=180°-\alpha$　　　　C.$R=\alpha-180°$　　　　D.$R=360°-\alpha$

8.某直线AB的坐标方位角为230°,则其坐标增量的符号为(　　)。

A.Δx为正,Δy为正　　　　　　　　　　B.Δx为正,Δy为负

C.Δx为负,Δy为正　　　　　　　　　　D.Δx为负,Δy为负

9.引起测量误差的因素有很多,概括起来有以下三个方面(　　)。

A.观测者、观测方法、观测仪器　　　　　　B.观测仪器、观测者、外界因素

C.观测方法、外界因素、观测者　　　　　　D.观测仪器、观测方法、外界因素

10.下列特性中属于偶然误差具有的特性的是(　　)。

A.累积性　　　　　　B.有界性　　　　　　C.规律性　　　　　　D.抵偿性

E.集中性

11.测量工作的主要任务是(　　),这三项工作也称为测量的三项基本工作。

A.地形测量　　　　　　　　　　　　　　　B.角度测量

C.控制测量　　　　　　　　　　　　　　　D.高程测量

E.距离测量

二、名词解释

1.坐标方位角

2.象限角

3.系统误差

4.偶然误差

三、计算题

1.坐标正算,已知AB在第Ⅳ象限,A点坐标为$x_A=100$ m,$y_A=-80$ m,$\alpha_{AB}=220°$,$D_{AB}=120$ m。求B点坐标。

2.坐标反算,已知A点坐标:$x_A=-60$ m,$y_A=50$ m,B点坐标:$x_B=-136.80$ m,$y_B=-115.50$ m。求D_{AB}及α_{AB}。

3.如图 1.16 所示,根据已知数据推算导线各边的坐标方位角。

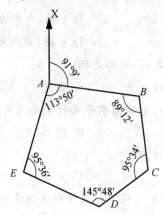

图 1.16 示意图

4.利用数值计算中的凑整规则,对下列数字保留三位小数:57.403 500 1,48.976 500 0,39.689 508 96,35.350 500,29.766 500 0。

已知 $X_A = 550.00$ m,$Y_A = 520.00$ m,$X_B = 508.730$ m,$Y_B = 543.320$ m,其他观测数据均标在图 1.17 上。观测角为左角。计算图 1.17 支导线 C、D 两点坐标。

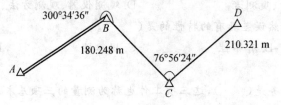

图 1.17 数据示意图

项目 2 水准测量

项目
目标 >>>>>>

【知识目标】

1. 熟悉水准测量基本原理；

2. 掌握水准仪的基本构造及操作方法；

3. 掌握普通水准测量的基本步骤和内业计算方法。

【技能目标】

1. 能够根据已知高程点，勘察现场条件布置水准路线；

2. 能够按照普通水准测量精度要求进行未知高程点的测量工作；

3. 能够简单地对水准测量精度进行分析与评价。

【课时建议】

10 课时（理论 6 课时，实训 4 课时）

2.1 水准仪的认识与使用

2.1.1 水准测量基本原理

1. 基本原理

水准测量的基本原理是利用水准仪提供的水平视线,观测两端地面点上垂直竖立的水准尺,以测定两点间的高差,进而求得待定点高程的方法。如图 2.1 所示,若要测定 A、B 两点间的高差,则须在 A、B 两点上分别垂直竖立水准标尺,在 A、B 两点中间安置水准仪,用仪器的水平视线分别在 A、B 两点的标尺上读得标尺分划数 a 和 b,则 A、B 两点间的高差为

$$h_{AB} = a - b \tag{2.1}$$

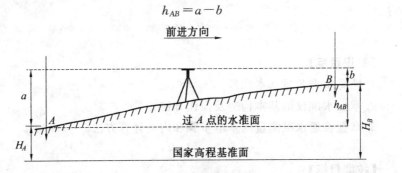

图 2.1 水准测量原理

若水准测量是沿 A 到 B 的方向前进,则 A 点称为后视点,其竖立的标尺称为后视标尺,读数值 a 称为后视读数;B 点称为前视点,竖立的标尺称为前视标尺,读数值 b 称为前视读数。因此,式(2.1)若用文字表述,即为:两点间的高差等于后视读数减去前视读数。高差有正(+)负(−)之分。当 B 点比 A 点高时,前视读数 b 比后视读数 a 要小,高差为正;当 B 点比 A 点低时,前视读数 b 比后视读数 a 要大,高差为负。因此,水准测量的高差 h 必须冠以"+"号或"−"号。另外,高差具有方向性。h_{AB} 表示 B 点相对于 A 点的高程;而 h_{BA} 则表示 A 点相对于 B 点的高差,它与 h_{AB} 的绝对值大小相等、符号相反,即

$$h_{AB} = -h_{BA} \tag{2.2}$$

显然,如果 A 点的高程为已知,则 B 点的高程为

$$H_B = H_A + h_{AB} = H_A - h_{BA} \tag{2.3}$$

有时,需要测定较小范围内多个点的高程,可以将仪器置于该范围中央,当视线水平时,分别读取周围各立尺点标尺读数,就可以得到各立尺点的高程。如图 2.2 所示,A 点标尺读数为 a,则 O、A 两点间的高差为

$$h_{OA} = i - a \tag{2.4}$$

式中 i——仪器高,即望远镜光轴中心至地面 O 点的高度,可直接用小钢尺量取。根据 O 点的高程,
　　　　就可得到 A 点的高程。

同样,在 B、C、D、E 等点竖立标尺,读取标尺读数 b、c、d、e,按式(2.4)求得各个高差,进而可以计算出 B、C、D、E 各点的高程。

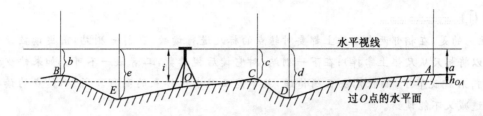

图2.2　水准测量的一种简易方法

用这种方法安置一次仪器,可测得周围一系列立尺点的高程。对于范围较小、精度要求不高的水准测量(如场地平整)来说,是一种简单易行的方法。但是,由于视准轴与管水准轴不平行的误差以及由于地球弯曲带来的球差不能消除,这种简易方法得到的各立尺点高程的精度较低,通常不能用于控制测量中。

2. 连续水准测量

在实际工作中,当 A、B 两点相距较远或者高差较大,安置一次仪器不可能测得两点间的高差时,必须在两点间加设若干个临时的立尺点,并安置若干次仪器。这些临时的立尺点作为传递高程的过渡点,称为转点;安置仪器的地方称为测站。如图2.3所示,通过各测站连续测定相邻标尺点间的高差,最后取其代数和即可求得 A、B 两点间的高差。

$$h_{AB} = h_1 + h_2 + \cdots + h_n = \sum_{i=1}^{n} h_i \tag{2.5}$$

或

$$h_{AB} = \sum_{i=1}^{n} a_i - \sum_{i=1}^{n} b_i \tag{2.6}$$

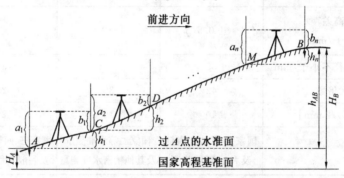

图2.3　连续水准测量

由此可知,水准测量的结果有以下规律:起点至终点的高差等于各测站高差之总和,即所有后视读数之总和减去所有前视读数之总和。在实际作业中,常用式(2.5)计算 A、B 两点间的高差,而用式(2.6)检核有无计算错误。

若已知 A 点的高程 H_A,则 B 点的高程 H_B 为

$$H_B = H_A + h_{AB} = H_A + \sum_{i=1}^{n} h_i \tag{2.7}$$

在图2.3所示的水准测量中,待定 B 点的高程是由已知高程的 A 点,经过 C,D,$\cdots$,M 等转点传递过来的。转点只起传递高程的作用,不需要测出其高程,因此不需要有固定的点位,只需在地面上合适的位置放上尺垫,踩实并垂直竖立标尺即可。观测完毕拿走尺垫继续往前观测。

需要注意的是,在相邻两个测站上都要对转点的标尺进行读数,在前一测站,前视读数读完后尺垫不能动(可以将标尺从尺垫上拿掉);在下一测站,对它读后视读数,二者缺一不可。如果缺少或者错了一个读数,前后就脱节了,高程无法正确传递,就不能正确求出终点的高程。所以,转点的读数特别重要,既不能遗减又不能读错。

特别需要强调的是,在一个测站上,前、后视读数都测合格后,后视尺的标尺和尺垫才能随仪器一同迁站。绝不允许测完后视标尺,立尺员就移动尺垫。绝对不允许在测前视标尺时发现出了问题需要重测时,立尺员再去找原位置放上尺垫进行观测。

2.1.2 水准测量仪器分类及构造

1. 水准仪的分类

(1)按精度分类

根据 2009 年 12 月 1 日实施的国家标准《水准仪》(GB/T 10156—2009)规定,我国水准仪按精度分为三级:高精密水准仪($S_{0.5}$)、精密水准仪(S_1)与普通水准仪(S_3,S_{10})。下标数字 0.5,1,3,10 表示该类仪器的精度,即每千米往、返测得高差中数的中误差,以毫米计。精密水准仪在施工测量中,多用于沉降观测,普通水准仪是施工测量常使用的。我国水准仪系列及其基本参数见表 2.1。

表 2.1 水准仪系列技术参数

水准仪系列型号		DS_{05}	DS_1	DS_3	DS_{10}
每千米往返测高差偶然间误差不大于/mm		±0.5	±1	±3	±10
望远镜	物镜有效孔径不小于/mm	55	47	38	28
	放大倍数	42	38	28	20
水准管分划值/[(″)/2 mm]		10	10	20	20
主要用途		国家一等水准测量及大地测量监测	国家二等水准测量及其他精密水准测量	国家三、四等水准测量及一般工程水准测量	一般工程水准测量

(2)按构造分类

按构造水准仪可分为微倾水准仪、光学自动安平(补偿)水准仪与电子自动安平水准仪。20 世纪初,在制出内调焦望远镜和符号水准器的基础上生产出微倾水准仪,现已趋于淘汰;光学自动安平水准仪是 20 世纪 50 年代以来发展起来的,是目前施工测量中使用最多的仪器;电子自动安平水准仪是 20世纪 90 年代以后在自动安平水准仪的基础上实现自动调焦、数字显示的近代新产品,属于精密仪器。

2. 水准仪的构造

(1)DS₃级微倾水准仪的基本构造

DS₃级微倾水准仪的基本构造由望远镜、水准器与基座三部分组成,如图 2.4(a)所示。

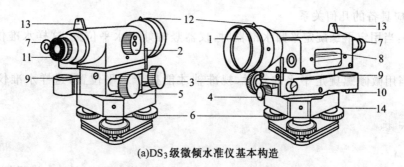

(a)DS₃级微倾水准仪基本构造

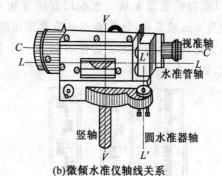

(b)微倾水准仪轴线关系

图 2.4　微倾水准仪

1—物镜；2—物镜调焦螺旋；3—微动螺旋；4—制动螺旋；5—微倾螺旋；

6—脚螺旋；7—管水准器气泡观察窗；8—管水准器；9—圆水准器；

10—圆水准器校正螺钉；11—目镜；12—准星；13—照门；14—基座

①望远镜：包括物镜及物镜对光螺旋、十字丝分划板、目镜及目镜对光螺旋、准星及照门。

十字丝分划板是安装在镜筒内的一块光学玻璃板，上面刻有两条互相垂直的十字丝，竖直的一条称为竖丝，水平的一条称为横丝或中丝，与横丝平行的上、下两条对称的短丝称为视距丝，如图 2.5 所示。

转动物镜对光螺旋可以使目标成像清晰地落在十字丝分划板上，转动目镜对光螺旋可以使十字丝影像清晰。

②水准器：包括水准盒(图 2.6)、水准管(图 2.7)及微倾螺旋。

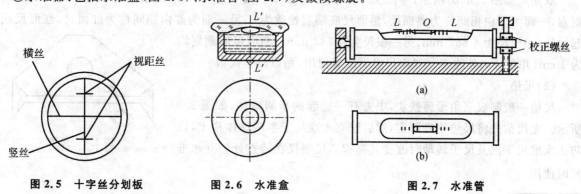

图 2.5　十字丝分划板　　　图 2.6　水准盒　　　图 2.7　水准管

③基座：包括底座、定平螺旋、底板等。

(2)主要轴线(图 2.4(b))

①视准轴(CC)：十字丝中央交点与物镜光心的连线。

②水准管轴(LL)：过水准管零点 O 与水准管纵向圆弧的切线。

③水准盒轴($L'L'$)：通过水准盒零点 O 的球面法线。

④竖轴(VV)：望远镜水平转动时的几何中心轴。

(3)各轴线间应具备的几何关系

① $L'L'//VV$：当用定平螺旋定平圆水准器时，仪器竖轴处于水平位置，这样水准仪才能提供水平视线。

② $LL//CC$：当用微倾螺旋定平水准管时，视准轴才能处于水平位置，这样水准仪才能提供水平视线。

3.水准尺、尺垫

(1)水准尺

水准尺是进行水准测量时用以读数的重要工具。水准尺有塔尺和双面尺。塔尺如图 2.8(a)所示，仅用于等外水准测量，其长度一般为 3 m 或 5 m，分两节或三节套接而成，底端起始数均为 0。每隔1 cm 或 0.5 cm 涂有黑白或红白相间的分格，每米和分米处皆注有数字。数字有正字和倒字两种。超过 1 m 注字，有的直接标注到分米或厘米，如 1.2、1.21 等。

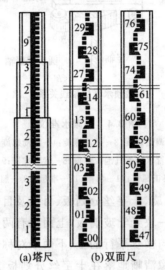

(a)塔尺　　(b)双面尺

图 2.8　水准尺

双面尺如图 2.8(b)所示，多用于三、四等水准测量。其长度为 3 m，两根尺为一对。尺的两面均有刻划，一面为黑白相间称为黑面尺，黑面尺底端起始数为 0；另一面为红白相间称为红面尺，红面尺底端起始数，一根尺为 4 687 mm，另一根尺为 4 787 mm。两面尺的刻划均为 1 cm，并在分米处注字。双面尺必须成对使用，用以检核读数。

(2)尺垫

尺垫一般制成三角形铸铁块，中央有一突起的半圆球体，如图 2.9 所示。立尺前先将尺垫用脚踩实，然后竖立水准尺于半圆球体顶上，以防止水准尺下沉及尺子转动时改变其高程。尺垫仅在转点处竖立水准尺时使用。

图 2.9　尺垫

2.1.3　水准仪的使用

普通水准仪使用操作的主要内容按程序分为：安置仪器—粗略整平—调焦和照准—精确整平—读数。

1.安置仪器

①选择前、后视距大约相等处设测站。

②在测站上松开脚架固定旋钮,按需要高度调整脚架长度,并拧紧固定旋钮。然后,张开三脚架,用脚尖踏实,并使架头水平。

③从仪器箱中取出水准仪,用连接旋钮将仪器固定于三脚架上。

2. 粗平

①使望远镜平行于任意两个脚旋钮 1 和 2 的连线,如图 2.10(a)所示。然后,用两手以相反方向同时旋动脚旋钮 1 和 2,使圆水准器气泡沿着平行于 1 和 2 连线的方向,由 a 运动至 b。也就是气泡运动方向与左手拇指旋动方向相同(左手大拇指法则)。

②再用左手拇指按箭头方向(垂直于 1 和 2 的连线方向),使气泡由 b 移至中心,如图 2.10(b)所示。

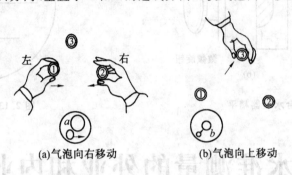

(a)气泡向右移动　　　　　(b)气泡向上移动

图 2.10　水准仪圆水准器粗平

3. 调焦和照准

①目镜调焦。使望远镜对向明亮的背景,转动目镜对光旋钮,使十字丝清晰。

②初步照准。松开制动旋钮,旋转望远镜使照门和准星的连线瞄准水准尺,拧紧制动旋钮。

③物镜调焦。转动物镜对光旋钮,使水准尺分划清晰。

④精确瞄准。转动微动旋钮,使十字丝竖丝照准水准尺边缘或中央。

⑤消除视差。所谓视差,就是当目镜、物镜对光不够仔细时,目标的影像不在十字丝平面上,以致两者不能同时被看清。检查有无视差,可用眼睛接近目镜微微上下移动,发现十字丝横丝在水准尺上相对运动,说明有视差存在(图 2.11)。消除视差的方法,就应认真对目镜和物镜进行调焦,直至眼睛上下移动读数不变为止。

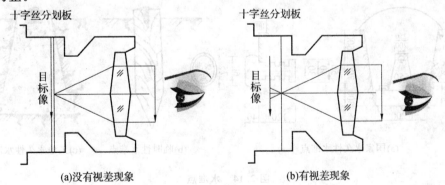

(a)没有视差现象　　　　　　　　(b)有视差现象

图 2.11　消除视差

4. 精平

眼睛观察水准管气泡,同时右手慢而均匀地转动微倾旋钮,使气泡两端的影像重合,如图 2.12(a)所示。此时,水准仪精平,即望远镜视准轴精确水平。微倾旋钮,旋转方向与左侧半边气泡影像移动方向一致,如图 2.12(b)所示。

5.读数

当水准管气泡两端半边影像重合时,如图2.12(a)所示,应立即用中丝读取水准尺上读数,直接读m,dm,cm,估读mm共四位。读数时从小数往大数方向读取,如图2.13所示。读数后再检查气泡是否居中,若不居中,应重新精平后,再读数。

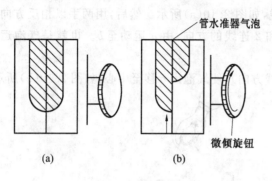

图2.12　符合水准器精平

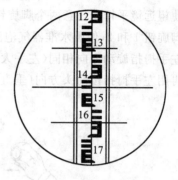

图2.13　水准尺读数

2.2　水准测量的外业和内业计算

2.2.1　水准测量的外业

1.水准点

水准点(BM)是由测绘部门按国家规范埋设和测定的已知高程的固定点,作为在其附近进行水准测量时的高程依据,称为永久水准点,如图2.14(a)所示。由水准点组成的国家高程控制网,分为四个等级。一、二等是全国布设,三、四等是它的加密网。在施工测量中为控制场区高程,多在建筑物角上的固定处设置借用水准点或临时水准点作为施工高程依据,如图2.14(b)所示。图2.14(c)为工地永久性水准点。

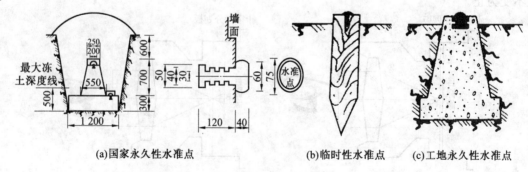

(a)国家永久性水准点　　　　　(b)临时性水准点　　　(c)工地永久性水准点

图2.14　水准点

2.水准路线

在实际测量工作中,往往需要由已知高程点测定若干个待定点的高程。为了进一步检核在观测、记录及计算中是否存在错误,避免测量误差的积累,保证测量成果的精度,必须将已知点和待定点组成某种形式的水准路线,利用一定的检核条件来检核测量成果的准确性。在普通水准测量中,水准路线有以下三种形式。

(1)闭合水准路线

如图 2.15(a)所示,从一已知水准点 BM.A 出发,沿待定点 B、C、D、E 进行水准测量,最后测回到BM.A,这种路线称为闭合水准路线。

(2)附合水准路线

如图 2.15(b)所示,从一已知水准点 BM.A 出发,沿待定点 1、2、3 进行水准测量,最后测到另一个已知水准点 BM.B,这种路线称为附合水准路线。

(3)支水准路线

如图 2.15(c)所示,从一已知水准点 BM.A 出发,沿待定点进行水准测量,这样既不闭合又不附合的水准路线,称为支水准路线。支水准路线必须进行往返测量。

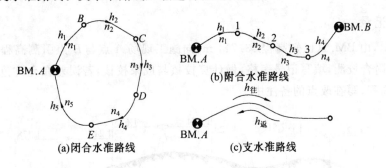

图 2.15　水准路线

3.水准测量的测站检核

在水准高程引测中,由于各站的连续性,任何一站发生错误造成超差,均会使整个成果返工重测。因此,每站均应进行校核,以及发现问题。常用的测站校核方法有以下三种。

(1)双镜位法

在每一测站上安两次仪器,测两次高差(但两次仪器高度差应大于 10 cm),或同时使用两架仪器观测,当两次高差之差小于 5 mm 时取中,大于 5 mm 时要重测。

(2)双面尺法

使用有黑红刻划的专用双面水准尺,每测站上用黑红面尺所测得的高差做校核。

(3)双转点法

双转点法也叫高低转点法,即每一转点处,设置高差大于 10 cm 的两个转点,这样从第二站起,就可以由高低两个转点求得该站的两个视线高,以做校核。

在上述三种测法中,为抵消仪器下沉误差,均应采取"后—前—前—后"的观测次序,即测第一次高差时,先后视、再前视;但测第二次高差时,要先前视、再后视,这样,取两次高差中数时,即可减少仪器下沉的影响。

4.水准测站的基本工作

安置一次仪器,测算两点间的高差的工作是水准测量的基本工作。其主要工作内容包括以下几方面。

(1)安置仪器

安置仪器时尽量使前后视线等长,用三脚架与定平螺旋使水准盒气泡居中。

(2)读后视读数(a)

将望远镜照准后视点的水准尺,对光消除视差,如用微倾水准仪则要用微倾螺旋定平水准管,读后视读数(a)后,检查水准管气泡是否仍居中。

（3）读前视读数（b）

将望远镜照准前视点的水准尺，按读后视读数的操作方法读前视读数（b），注意不要忘记定平水准管。

（4）记录与计算

按顺序将读数记入表格中，经检查无误后，用后视读数（a）减去前视读数（b）计算出高差h，再用后视点高程推算出前视点高程（或通过推算视线高求出前视点高程）。水准记录的基本要求是保持原始记录，不得涂改或誊抄。

2.2.2 水准测量内业计算

1.水准测量记录

如图2.16所示，由BM.1（已知高程43.714 m）向施工现场A点与B点引测高程后，又到BM.2（已知高程44.332 m）附合校测，填写记录表格，做计算校核与成果校核，若误差在允许范围内，应求出调整后的A点与B点高程，写在改点的备注中。

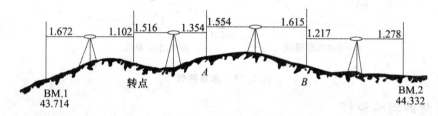

图2.16 附合水准测量

（1）视线高法记录

在表2.2之中，使用视线高法式（2.4）计算，即

$$视线高＝已知点高程＋后视读数；欲求点高程＝视线高－前视读数$$

表2.2 视线高法水准记录

测点	后视（a）	视线高（H_i）	前视（b）	高程（H）	备注
BM.1	1.672	45.386		43.714	已知高程
转点	1.516	45.800	1.102	+2 44.284	
A	1.554	46.000	1.354	+4 44.446	44.450
B	1.217	45.602	1.615	+6 44.385	44.391
BM.2			1.278	+8 44.324	已知高程44.432
计算校核	$\sum a = 5.959$;	$\sum b = 5.349$;	$\dfrac{\sum b = 5.349}{\sum h = 0.610}$;	$\dfrac{H_{始} = 43.714}{\sum h = 0.610}$	
成果校核	实测闭合差＝（44.32－44.332）m＝－0.008 m＝－8 mm 允许闭合差＝±$6\sqrt{n}$ mm＝±$6\sqrt{4}$ mm＝±12 mm，精度合格 每站改正数$\dfrac{-8 \text{ mm}}{4 \text{ 站}}$＝＋2 mm（逐站累积）				

（2）高差法记录

在表 2.3 中，使用高差法式（2.1）计算，即

高差＝后视读数－前视读数；欲求点高程＝已知点高程＋高差

表 2.3 高差法水准记录表

测点	后视（a）	前视（b）	高差（h）		高程（H）	备注
			＋	－		
BM.1	1.672				43.714	已知高程
转点	1.516	1.102	0.570		＋2	
					44.284	
A	1.554	1.354	0.162		＋4	44.450
					44.446	
B	1.217	1.615		0.061	＋6	44.391
					44.385	
BM.2		1.278		0.061	＋8	已知高程
					44.324	44.332
计算校核	$\sum a = 5.959$；$\quad \sum b = 5.349$；$\quad \sum h = 0.610 = 0.732 - 0.122$ $\dfrac{\sum b = 5.349}{\sum h = 0.610}$					
成果校核	实测闭合差＝（44.324－44.332）m＝－0.008 m＝－8 mm 允许闭合差＝$\pm 6\sqrt{n}$ mm＝$\pm 6\sqrt{4}$ mm＝± 12 mm，精度合格 每格改正数＝－8 mm/4 站＝＋2 mm（逐站累积）					

2.水准测量成果校核

一般工程水准测量的允许闭合差（$f_{h允}$）根据《工程测量规范》（GB 50026—2007）或《高层建筑混凝土结构技术规程》（JGJ 3—2010）有：

$$f_{h允} = \pm 20\sqrt{L} \text{ mm}；\quad f_{h允} = \pm 6\sqrt{n} \text{ mm}$$

式中 L—— 水准测量路线的总长，km；

n—— 测站数。

①布设成闭合水准路线，如图 2.17（a）所示。

$$f_h = \sum h_{测}$$

式中 f_h——闭合水准路线高差闭合差，m。

当 $|f_h| < |f_{h容}|$，其精度符合要求，可以调整闭合差，求各点高程。

②布设成附合水准路线，如图 2.17（b）所示。

$$f_h = \sum h - (H_B - H_A)$$

当 $|f_h| < |f_{h容}|$，其精度符合要求。

③布设成支线水准路线，如图 2.17（c）所示。

$$f_h = |h_{往}| - |h_{返}|$$

当 $|f_h| < |f_{h容}|$，其精度符合要求。

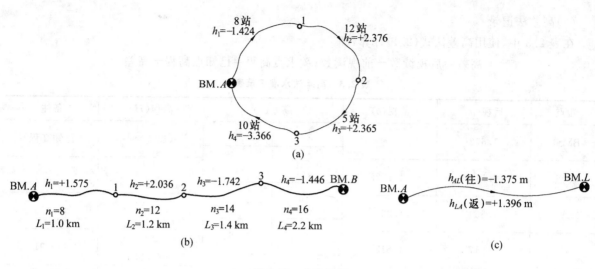

图 2.17 水准路线

3.附合水准测量闭合差的计算与调整

如果水准路线的高差闭合差在允许范围之内,即可进行闭合差的调整和高程计算。高差闭合差的调整在同一条水准路线上,认为各测站条件大致相同,各测站产生的误差是相等的,因此在调整闭合差时,应将闭合差以相反符号,按测站数(或距离)成正比例分配到各测段的实测高差中,即某测段高差改正数为

$$v_i = \frac{f_h}{\sum n}n_i, \quad v_i = -\frac{f_h}{\sum L}L_i$$

如图 2.18 所示,为了向施工现场引测高程点 A 与 B ,由 BM.7(已知高程 44.027 m)起,经过 6 站到 A 点,测得高差 $h'_{7A}=1.326$ m;由 A 点经过 2 站到 B 点,测得高差 $h'_{AB}=-0.718$ m;为了附合校核,由 B 点经过 8 站到 BM.4(已知高程 46.647 m),测得高差 $h'_{B4}=2.004$ m,求实测闭合差,若误差在允许范围以内,对闭合差进行附合调整,最后求出 A 、B 点调整后的高程。

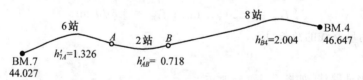

图 2.18 附合水准路线

(1)计算实测闭合差($f_测$ 已知高差)

$$f_测 = (1.326-0.718+2.004)\text{m} - (46.647-44.027)\text{m} = 2.612\text{ m} - 2.620\text{ m} = -0.008\text{ m}$$

(2)计算允许闭合差($f_测 = \pm6\sqrt{n}$ mm)

$$f_允 = \pm6\sqrt{16}\text{ mm} = 24\text{ mm} > f_测,精度合格$$

(3)计算每站应加改正数($v = -\dfrac{闭合差}{测站数}$)

$$v = -\frac{0.008}{16} = 0.0005$$

(4)计算各段高差调整值($h = h' + v \times n$)

$$h_{7A} = (1.326+0.0005\times6)\text{m} = 1.329\text{ m}$$
$$h_{AB} = (-0.718+0.0005\times2)\text{m} = -0.717\text{ m}$$

$$h_{B4} = (2.004 + 0.000\,5 \times 8)\text{m} = 2.008\text{ m}$$

计算校核：

$$\sum h = (1.329 - 0.717 + 2.008)\text{m} = 2.620\text{ m}$$

$$\sum h = (2.612 + 0.008)\text{m} = 2.620\text{ m}$$

(5)推算各点高程

$$H_A = (44.027 + 1.329)\text{m} = 45.356\text{ m}$$

$$H_B = [45.356 + (-0.717)]\text{m} = 44.639\text{ m}$$

计算校核：$H_A = (44.639 + 2.008)\text{m} = 46.647\text{ m}$ 与已知高程相同，计算无误。

在实际工作中为简化计算，而采取表 2.4 格式计算。

表 2.4　附合水准成果调整表

点名	测站数	高差(h)			高程（H）	备注
		观测值	改正数	调整值		
BM.7	6	+1.326	+0.003	+1.329	44.027	已知高程
A					45.356	
	2	−0.718	+0.001	−0.717		
B					44.639	
BM.4	8	+2.004	+0.004	+2.008	④46.647	已知高程
校核	16	+2.612 ①	+0.008 ②	+2.620 ③		

$\sum h = +2.612$ m

已知高差 $= H_{终} - H_{始} = (46.647 - 44.027)\text{m} = 2.620$ m

实测闭合差 $f_{测} = (2.612 - 2.620)\text{m} = -0.008$ m

允许闭合差 $f_{允} = \pm 6\sqrt{16}$ mm $= \pm 24$ mm，精度合格

每站改正数 $\nu = -0.008$ m/16 站 $= 0.000\,5$ m

上表中：①值应与实测各段高差总和（$\sum h$）一致；②值应与实测闭合差数值相等，但符号相反；③值应与 BM.4、BM.7 的已知高差相等，并作为总和校核之用；④值是由 BM.7 已知高程加各段高差调整值后推算而得，应与 BM.4 已知高程一致以作计算校核。总之，此表中的计算校核是严密的、充分的。

技 术 点 睛

水准观测的要点：消——视差要消除；平——视线要水平；快——读数要快；小——估读毫米数要取小值；检——读数后要检查视线是否水平。

2.2.3　水准测量误差与注意事项

1. 水准高程引测中的要点

水准高程引测中连续性很强，只要有一个环节出现失误，就容易出现错误或造成返工重测。因此，施测中应注意以下几点：

(1)选好镜位

仪器位置要选在安全的地方，前后视线长要适当(一般 40～70 m)，安置仪器要稳定，防止仪器下沉和滑动，地面光滑时一定要将三脚架尖插入小坑或缝隙中。

（2）选好转点

（ZD 或 TP）在长距离水准测量中，需要分段施测时，利用转点传递高程，逐段测算出终点高程。它的特点是：既有前视读数（以求得其高程），又有后视读数（以将其高程传递下去）。

选择转点首先要保证前后视线等长，点位要选在比较坚实又凸起的地方，或使用尺垫，以减少转点下沉。前后视线等长有以下好处：

①抵消水准仪视准轴不水平产生的 i 角误差。

②抵消弧面差与折光差。

③减少对光，提高观测精度与速度。

（3）消除视差

十字丝调清后，主要是用物镜对光使目标成像清晰，并消除视差。

（4）视线水平

照准消除视差后，使用微倾水准仪时，应精密定平水准管。

（5）读数准确

估读毫米数要准确、迅速，读数后要检查视线是否仍水平。

（6）迁站慎重

在未读转点前视读数前，仪器不得碰动或转动；转点在仪器未读好后视读数前，转点不得碰动或移动，否则均会造成返工。

（7）记录及时

每读完一个数，要立即做正式记录，防止记录遗漏或次序颠倒。

2. 立水准尺的要点

（1）检查水准尺

尤其是使用塔尺时，要检查尺底及接口是否密合，使用过程中要经常检查接口有无脱落，尺底是否有污物或结冰。

（2）视线等长

立前尺的人要用步估后视点至仪器的距离，再用步估定出前视点位。

（3）转点牢固

防止转点变动或下沉，未经观测人员允许，不得碰动，否则返工。

（4）立尺铅直

立尺人要站正，以使尺身铅直，双手扶尺，手不遮尺面。

（5）起终点同用一尺

采取偶数站观测以使起终点用同一根尺，避免两尺"零点"不一致，影响观测结果。

基础同步

一、填空题

1. 视线高＝_____＋后视点读数。

2. 水准路线有_____、_____、_____三种形式。

3. 高差闭合差的分配原则为_____成正比例进行分配。

4. 水准测量中，同一测站，当后尺读数大于前尺读数时说明后尺点_____。

5. 水准仪后视点高程为 1 001.55 m，后视读数为 1.55 m，水准仪的视线高为_____。

6. 水准观测中前后视距尽量相等主要是为了消除_____轴和_____轴不平行而产生的误差。

二、选择题

1. 水准测量中一般用 ZD 或（　　）表示转点。

A. ZT　　　　　　　　B. OD　　　　　　　　C. SD　　　　　　　　D. TP

2. 水准测量中，后视已知点读数为 1.587 m，前视未知点读数为 1.211 m，已知点高程为 127.364 m，测得未知点高程为（　　）。

A. 0.376 m　　　　　　B. 127.74 m　　　　　　C. 2.798 m　　　　　　D. 127.740 m

3. 视差可通过反复调节目镜和（　　）来消除。

A. 脚螺旋　　　　　　B. 微倾螺旋　　　　　　C. 水平微动螺旋　　　　D. 物镜对光螺旋

4. 水准仪的视准轴是水准仪十字丝中点与（　　）的连线。

A. 观测点　　　　　　B. 水准尺　　　　　　　C. 目镜光心　　　　　　D. 物镜光心

5. DS_1 水准仪的观测精度（　　）DS_3 水准仪。

A. 高于　　　　　　　B. 接近于　　　　　　　C. 低于　　　　　　　　D. 等于

6. 水准仪的（　　）与仪器竖轴平行。

A. 视准轴　　　　　　B. 圆水准器轴　　　　　C. 十字丝横丝　　　　　D. 水准管轴

7. 水准仪精平是调节（　　）使水准管气泡居中。

A. 微动螺旋　　　　　B. 制动螺旋　　　　　　C. 微倾螺旋　　　　　　D. 脚螺旋

8. 视差产生的原因是（　　）。

A. 观测时眼睛位置不正　　　　　　　　　　B. 目标成像与十字丝分划板平面不重合

C. 前后视距不相等　　　　　　　　　　　　D. 影像没有调清楚

三、判断题

1. 水准尺的读数应从下往上读。　　　　　　　　　　　　　　　　　　　　　　（　　）

2. 高差等于后视读数减前视读数。　　　　　　　　　　　　　　　　　　　　　（　　）

3. 圆水准器气泡的运动方向与左手大拇指运动方向一致。　　　　　　　　　　　（　　）

4. 消除视差的方法是再仔细调节物镜对光螺旋。　　　　　　　　　　　　　　　（　　）

四、简答题

1. 为什么在水准测量中一个测站上应尽量使前、后视距相等？

2. 水准测量时应注意哪些问题？

3. 水准仪有哪些轴线？它们之间应满足什么条件？

4. 视差产生的原因及视差如何消除？

实训提升

1. 如图 2.19 所示，为了利用高程为 154.400 m 的水准点 A 测设高程为 12.000 m 的水平控制桩 B，在基坑的上边缘设了一个转点 C。水准仪安置在坑底时，依据图中所给定的尺读数，试计算尺度数 b_2 为何值时，B 尺的尺底在 12.000 m 的高程位置上？

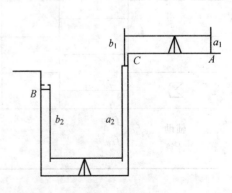

图 2.19　示意图

2.有一条附合水准路线如图2.20所示,其观测数值标于图上,已知A点高程为$H_A=32.522$ m,B点高程为$H_B=82.175$ m。求1、2、3、4点平差后的高程。

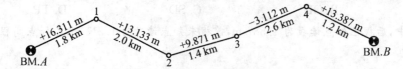

图2.20　附合水准路线示意图

3.已知水准点BM.A高程为50.675 m,闭合水准路线含4个测段(图2.21),各段测站数和高程差观测值见表2.5。按表2.6完成其内业计算。

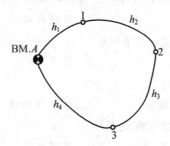

图2.21　闭合水准路线示意图

表2.5　测站观测数据

段号	观测高差	测站数	段号	观测高差	测站数
1	+1.140 m	6	3	1.787 m	7
2	−1.320 m	4	4	−1.582 m	8

表2.6　闭合水准计算表

测段号	点名	测站数	观测高差/m	改正数/m	改正后高差/m	高程/m	备注
1	2	3	4	5	6	7	8
$\sum$							
辅助计算	$f_h=$ $f_{h容}=$						

项目 **3** 角度测量

项目
目标 >>>>>>

【知识目标】

1. 理解角度测量原理；

2. 掌握经纬仪的基本构造及操作方法；

3. 掌握角度测量的基本步骤和内业计算方法；

4. 掌握全站仪的基本构造及用全站仪进行角度测量的基本方法。

【技能目标】

1. 能够熟练操作经纬仪完成已知点之间水平角度及竖直角度测量；

2. 能够熟悉全站仪的基本操作与界面，完成已知点位的角度测量工作。

【课时建议】

16 课时（理论 8 课时，实训 8 课时）

3.1 经纬仪的认识与使用

3.1.1 水平角和竖直角测量原理

1. 水平角测量原理

水平角测量用于确定点的平面位置。

水平角系指相交的两条直线在同一水平面上的投影所夹的角度,或指分别过两条直线所作的竖直面间所夹的二面角。如图 3.1 所示,设 A、B、C 为地面上任意三点。B 为测站点,A、C 为目标点;则从 B 点观测 A、C 的水平角为 BA、BC 两方向线垂直投影 ba、bc 在水平面上所成的 $\angle abc$ 或为过 BA、BC 的竖直面间的二面角。

在图 3.1 中,为了获得水平角度 β 的大小。假想有一个能安置成水平的刻度圆盘,且圆盘中心可以处在过 B 点的铅垂线上的任意位置 O;另有一个瞄准设备,能分别瞄准 A 点和 C 点,且能在刻度盘上获得相应的读数 a 和 b,则水平角为

$$\beta = a - b \tag{3.1}$$

水平角的范围为 $0 \sim 360°$。

2. 竖直角测量原理

竖直角测量用于确定两点间的高差或将倾斜距离转化成水平距离。

竖直角是指在同一竖直面内,某一直线与水平线之间的夹角。测量上又称为倾斜角,或简称为竖角,用 α 表示。竖直角有仰角和俯角之分。夹角在水平线以上,称为仰角,取正号,角值为 $0° \sim 90°$;夹角在水平线以下,称为俯角,取负号,角值为 $-90° \sim 0°$,如图 3.2 所示的 α_A 和 α_C。

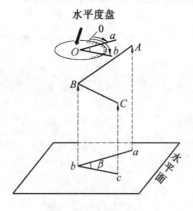

图 3.1 水平角原理

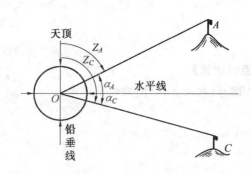

图 3.2 竖直角原理

在图 3.2 中,假想在过 O 点的铅垂面上,安置一个竖直圆盘,并令其中心过 O 点,该盘称为竖直度盘,通过瞄准设备和读数装置可分别获得目标视线的读数和水平视线读数,则 α 可以写成:

$$\alpha = 目标视线的读数 - 水平视线的读数 \tag{3.2}$$

3.1.2 经纬仪的分类

经纬仪按其读数设备可分为光学经纬仪和电子经纬仪两类。光学经纬仪根据需要人工读数,电子经纬仪有电子显示屏可以显示读数,不需要人工读数。本项目中经纬仪的讲述主要以光学经纬仪为对

象进行叙述。按其精度,又可分为普通经纬仪和精密经纬仪两类。精密经纬仪有 DJ$_{05}$、DJ$_1$ 型;普通经纬仪有 DJ$_2$、DJ$_6$ 型等。建筑工程上常用 DJ$_6$、DJ$_2$ 光学经纬仪。其中"D""J"为"大地测量"和"经纬仪"汉语拼音的开头字母,数字表示该类仪器测角的精度,如 6 表示测角时一测回的方向中误差为±6″。

3.1.3　经纬仪的构造

由以上分析可知,用于测角的经纬仪必须有一个圆刻度盘、一个瞄准设备和一个读数设备。度盘应该能水平安置,并能使其中心位于角顶的铅垂线上。瞄准设备(望远镜)应具有瞄准不同方向、不同高度的目标和过测站点(角顶)与目标点建立铅垂面的功能。读数设备应能读取不同方向的读数。

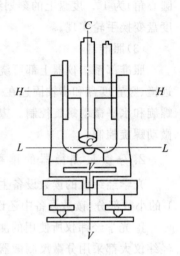

图 3.3 为经纬仪的构造示意图。仪器上部可绕竖轴 VV 在水平方向转动,望远镜可绕横轴 HH 转动,经纬仪的轴线之间在几何上满足 $LL \perp VV$,$CC \perp HH$ 和 $HH \perp VV$ 以及 VV 垂直于水平度盘,且过水平度盘中心。经纬仪安置在角顶上,通过一定的操作步骤可使竖轴与角顶的铅垂线重合,此时水平度盘和 HH 处于水平状态,视准轴 CC 可绕横轴 HH 在瞄准的目标点和测站点之间建立铅垂面,视准轴 CC 瞄准不同目标时的方向读数,可在望远镜旁的读数目镜中读出。

图 3.3　经纬仪的构造示意图

1.J$_6$ 光学经纬仪的构造

J$_6$ 光学经纬仪由基座、水平度盘和照准部三部分组成。图 3.4 为其构造图。

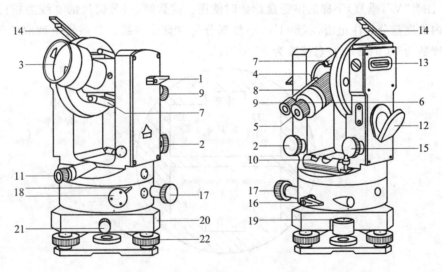

图 3.4　J$_6$ 经纬仪构造图

1—望远镜制动手柄;2—望远镜微动螺旋;3—望远镜物镜;4—望远镜调焦环;5—望远镜目镜;6—目镜调焦螺旋;
7—光学瞄准器;8—度盘读数显微镜;9—读数显微镜调焦螺旋;10—照准部管水准器;11—光学对中器目镜;
12—度盘照明反光镜;13—竖盘指标管水准器;14—指标管水准器反光镜;15—竖盘水准器微动螺旋;
16—水平制动手柄;17—水平微动螺旋;18—水平度盘变换器;19—圆水准器;20—基座;21—底座制动螺旋;22—脚螺旋

（1）基座

构造和作用与水准仪的基座相似。基座上的轴座固定螺旋可将轴座固定在基座上。当固定螺旋松开时，照准部连同水平度盘便可从基座上取下。因此，平时应将该螺旋旋紧。

（2）水平度盘

J_6 光学经纬仪的水平度盘为 0°～360° 全圆刻划的玻璃圆环，其分划值（相邻两刻划间的弧长所对的圆心角）为 1°。度盘上的刻划线注记按顺时针方向增加。测角时，水平度盘不动。若使其转动，可拨动度盘变换手轮实现。

（3）照准部

照准部系指仪器上部可绕竖轴水平转动的部分。它由支架、望远镜、竖直度盘和水准器等组成。望远镜、竖直度盘和横轴固连在一起，横轴装在支架上。整个照准部绕竖轴在水平方向的转动由水平制动螺旋和水平微动螺旋控制。望远镜的构造与水准仪的相同。望远镜绕横轴的旋转由望远镜制动螺旋和微动螺旋控制。

2. 分微尺测微器的读数方法

光学经纬仪的读数设备主要由度盘和指标组成，外加一些棱镜和显微装置。为了读取度盘上不足 1° 的小数部分，读数设备中还设有测微装置。

J_6 光学经纬仪所使用的测微装置有单平板玻璃测微器和分微尺测微器两种。目前生产的 J_6 光学经纬仪大都采用分微尺测微器。它具有结构简单、读数方便和作业效率高等优点。

图 3.5 是从读数目镜端看到的读数窗上的度盘分划和分微尺影像。注有 0～6 的格尺为分微尺，它共有 60 个等分的小格，其总长度恰好等于度盘上相邻两刻划线间放大后的宽度。由于度盘的分划值为 1°，故分微尺的格值为 1′，可估读到 0.1′（即 6″）。读数窗分上下两部分，注有"H"（水平）字样的供水平盘读数时使用，注有"V"（垂直）字样的供竖盘读数时使用。读数时，以分微尺的 0 线为指标线。整度数为落在分微尺内的度盘分划注记值，不足 1° 的小数部分为度盘分划线在分微尺上截取的长度。图 3.5 中的水平度盘读数为 73°04′24″，竖盘读数为 87°03′54″。

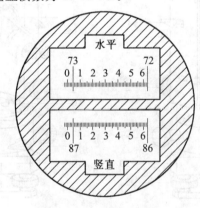

图 3.5　J_6 经纬仪读数视窗

3.1.4　经纬仪的使用

经纬仪的使用，一般有对中、整平、瞄准和读数四个基本步骤，其中对中和整平又统称为安置仪器。

1. 对中

经纬仪对中的目的是使水平度盘中心和测站点标志中心在同一铅垂线上。对中的方法有垂球对中法和光学对中器对中法两种。

（1）用垂球对中

用垂球对中的步骤如下：

①张开三脚架，调节架腿，使三脚架高度适中、架头大致水平，并使架头中心初步对准标志中心。

②装上仪器，使其位于架头中部，拧紧中心螺旋，挂上垂球。如果垂球尖偏离标志中心较大，可平移脚架，使垂球尖靠近标志中心，并将三脚架的脚尖踩入土中。同时，注意保持架头大致水平和垂球偏离标志中心不超过 1 cm。

③稍许松开中心连接螺旋，在架头上慢慢移动仪器，使垂球尖对准标志中心，再旋紧中心连接螺旋。垂球对中的误差可小于 3 mm。

（2）用光学对中器对中

光学经纬仪中，通常都装有光学对中器，它实际上是一个小型望远镜。它的视准轴通过棱镜转动后与仪器竖轴的方向线重合。用光学对中器对中，实际上是用铅垂后的视准轴去瞄准标志中心。对中的步骤如下：

①首先使架头大致水平和用垂球（或目估）初步对中；然后转动（拉出）对中器目镜，使测站标志的影像清晰。

②转动脚螺旋，使标志中心影像位于对中器小圆圈（或十字分划线）中心，此时圆水准器气泡偏离。

③伸缩脚架使圆水准气泡居中，但需注意脚尖位置不得移动。再按下述整平的方法转动脚螺旋使长水准管气泡居中。

④检查对中情况，标志中心是否位于小圆圈中心，若有很小偏差可稍许松开中心连接螺旋，平移基座，使标志中心和分划圈中心重合。

⑤检查水准管气泡，若气泡仍居中，说明对中已经完成。否则，应重复②、③、④、⑤的步骤直至标志中心与分划圈中心重合后水准管气泡仍居中为止。最后，将中心螺旋旋紧。

用光学对中器对中的优点是不受风力的影响且能提高对中精度，其误差一般可小于 1 mm。

2. 整平

整平的目的是使水平度盘处于水平位置和仪器竖轴处于严格的铅垂位置，其操作步骤如下：

①转动照准部，使长水准管平行于任意两个脚螺旋（编号分别为 1、2）的连线，并转动 1、2 脚螺旋使长水准管气泡居中，如图 3.6（a）所示。

②再将照准部转动 90°，使水准管垂直于 1、2 的连线，并转动脚螺旋 3 使气泡居中，如图 3.6（b）所示。

③重复图 3.6（a）、（b）两步骤，直至照准部转到任何位置时，气泡的偏离量不超过 1 格为止。

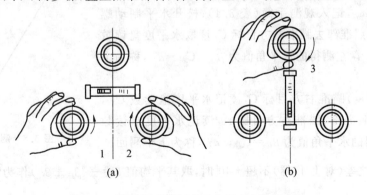

图 3.6　左手大拇指法则整平水平水准管示意图

3.瞄准

瞄准就是用望远镜的十字丝交点去精确对准目标。与水准仪一样,经纬仪瞄准目标时也是先用望远镜上的粗瞄器瞄准目标,将各制动螺旋制动并调焦后,再转微动螺旋使十字丝精确瞄准目标。测水平角时,应该用十字丝的竖丝精确夹准(双丝)或切准(单丝)目标,测竖直角时,则应该用十字丝的横丝精确切准目标。图3.7(a)、(b)分别为水平角观测和竖直角观测时瞄准后的望远镜视场的示例。

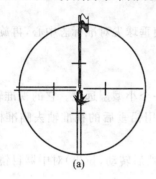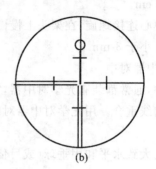

(a)   (b)

图3.7 经纬仪瞄准目标点示意图

4.读数

读数前,先将反光镜张开成适当位置,调节镜面朝向光源,使读数窗亮度均匀,转动读数显微镜调焦螺旋,使读数分划线清晰,然后根据仪器的读数设备,按前述的方法读数。

3.2 角度的测量

3.2.1 水平角的测量与记录

水平角的观测方法有测回法、方向观测法和复测法三种。现将工程测量中常用的测回法表述如下。

测回法是观测水平角的一种最基本方法,常用于观测由两个方向所夹的单个水平角。如图3.8所示,用测回法测量水平角 β 的大小时,观测步骤如下:

①在 B 点安置(即对中和整平)经纬仪。

②盘左(即竖盘在望远镜的左侧,又称正镜)瞄准左方目标 A,读取水平度盘读数 $a_左$,记入观测手簿(表3.1);松开水平制动螺旋,顺时针方向转动照准部去瞄准右方目标 C,读取水平度盘读数 $C_左$,记入观测手簿。盘左测得的水平角值为 $\beta_左=C_左-a_左$,称为上半测回。

③盘右(又称倒镜)瞄准右方目标 C,读记水平度盘读数 $C_右$,再逆时针方向转动照准部,瞄准左方目标 A,读记水平度盘读数 $a_右$,则盘右位置测得的水平角值为 $\beta_右=C_右-a_右$,称为下半测回。

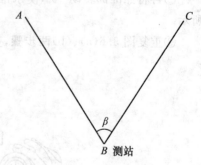

图3.8 测回法测水平角

④当 $\beta_左$ 与 $\beta_右$ 之差(对J₆仪器)不超±40″时,取其平均值 $\beta=\frac{1}{2}(\beta_左+\beta_右)$ 作为结果,上半测回与下半测回合称一测回。

当需要用测回法测某角 n 个测回时,为了减小度盘刻划误差的影响,各测回之间要按 $180°/n$ 的差值变换度盘的起始位置。如 $n=3$ 时,各测回的起始方向读数可等于或略大于 $0°$、$60°$、$120°$。如果 $n=4$

时,各测回的起始方向读数可等于或略大于 0°、45°、90°和135°。

此外,无论是正镜观测还是倒镜观测,水平角的角值始终是瞄准右方目标时的水平度盘读数减去瞄准左方目标时的水平度盘读数,不够减时,右方目标读数加上 360°。

表3.1 测回法水平角观测手簿

测站	竖盘位置	目标	水平度盘读数 ° ′ ″			半测回角值 ° ′ ″			一测回角值 ° ′ ″			各测回角值 ° ′ ″		
第一测回 B	左	A	0	02	18	95	18	12	95	18	24	95	18	15
		C	95	20	30									
	右	A	180	00	24	95	18	36						
		C	275	21	00									
第二测回 B	左	A	90	02	00	95	18	00	95	18	06			
		C	185	21	00									
	右	A	270	02	48	95	18	12						
		C	5	21	00									

3.2.2 竖直角的测量与记录

1.竖直度盘的构造与垂直角计算公式的确定

光学经纬仪的竖盘读数系统由竖盘、指标、竖盘指标水准管和显微镜等组成。竖直度盘为 0°~360°全圆刻划的玻璃圆环。竖盘、望远镜和仪器横轴固连在一起,横轴在支架上的转动轴线过竖盘中心并垂直于竖盘。仪器整平后,竖盘相当于一个铅垂面。当竖盘随望远镜瞄准高低不同的目标而转动时,用于指示竖盘读数的指标(分微尺上的 0 刻划)不动(只有转动指标水准管的微动螺旋时,其影像才做微小的移动),如图 3.9 所示。因此,望远镜瞄准目标点时的方向读数,可由竖盘读数指标读出。竖盘指标水准管用于控制指标的影像,当其气泡居中时,表示指标影像处于正确位置。所以在测垂直角时,每次读数前,必须转动指标水准管的微动螺旋使指标水准管气泡居中。

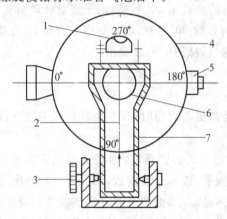

图 3.9 竖直度盘构造图
1—指标水准管;2—读数指标;3—指标水准管微动旋钮;
4—竖直度盘;5—望远镜;6—水平轴;7—框架

竖直度盘的注记方式有多种,图 3.10 和图 3.11 分别为顺时针注记和逆时针注记的天顶式竖盘在盘左和盘右时的结构形式。国产经纬仪的竖盘多数为天顶式顺时针注记。

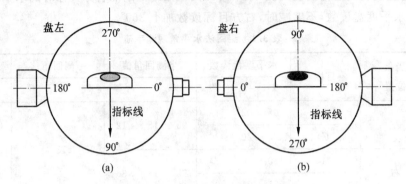

图 3.10　顺时针注记竖直度盘简图

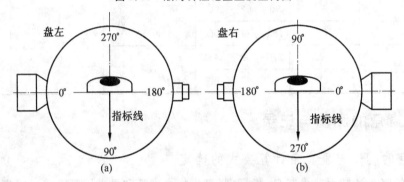

图 3.11　逆时针注记竖直度盘简图

前已述及,垂直角为倾斜视线与水平视线在竖盘上截取的两个方向读数之差,但究竟是倾斜方向的读数减去水平方向的读数,还是水平方向的读数减去倾斜方向的读数,这和竖盘的注记方式有关。现以天顶距式顺时针注记的竖盘为例,说明垂直角计算公式的确定方法。

如图 3.10 所示,假设竖盘指标水准管的气泡居中时,竖盘指标处于正确位置,则盘左望远镜水平时的竖盘读数为 90°,盘右望远镜水平时的竖盘读数为 270°。当望远镜上仰或下俯瞄准一目标时,竖盘转过的角度即为所要测的目标方向的垂直角 α。显然,由于竖盘转动时指标不动,故盘左测得的垂直角 $α_左$ 为望远镜瞄准目标时的读数 L 与常数 90° 之差,盘右测得垂直角 $α_右$ 为望远镜瞄准目标时的读数 R 与常数 270° 之差。考虑到垂直角的符号,从图中可以看出:

$$α_左 = 90° - L \tag{3.3}$$
$$α_右 = R - 270° \tag{3.4}$$

即用天顶式顺时针注记的竖盘测垂直角时,盘左为常数减去瞄准目标时的竖盘读数,盘右为瞄准目标时的竖盘读数减去常数。

测垂直角前,对不了解其注记方式的竖盘,要通过实地判定来确定垂直角的计算公式。具体步骤为:先以盘左位置将望远镜大致放平,读取竖盘读数,由此可以判断出视准轴真正水平时的常数;然后将望远镜慢慢上仰,看读数是增加还是减小,由此可断定视准轴转到铅垂位置时竖盘注记是多少。由以上判定,即可画出盘左望远镜水平时的竖盘注记草图,同时可按下列法则写出垂直角的计算公式:

①望远镜上仰时,若读数减小,则垂直角等于望远镜水平时的常数减去瞄准目标时的读数。

②望远镜上仰时,若读数增大,则垂直角等于瞄准目标时的读数减去望远镜水平时的常数。

如果盘左属于第一种情况,则盘右必须属于第二种情况。反之亦然。

2.竖直角的观测

如图 3.12 所示,设测站点为 O,目标点为 A,欲测量垂直角 α,则可按下列步骤进行观测:

①在 O 点安置经纬仪(对中、整平),盘左判定竖盘注记方式,画出盘左望远镜水平时的竖盘注记草图,确定盘左和盘右观测垂直角的计算公式。

②盘左用横丝精确瞄准目标 A,转动指标水准管的微动螺旋使指标水准管的气泡居中后读竖盘读数,并计算 $\alpha_{左}$,此为上半测回的观测。

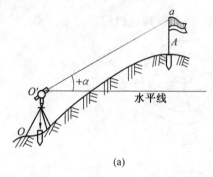 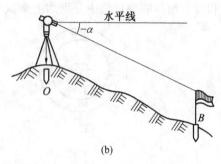

图 3.12　竖直角观测图

③盘右瞄准 A,使指标水准管的气泡居中后读记竖盘读数,并计算 $\alpha_{右}$,此为下半测回的观测。

④取 $\alpha_{左}$ 和 $\alpha_{右}$ 的平均值,从而得一测回的垂直角 α 为

$$\alpha = \frac{1}{2}(\alpha_{左} + \alpha_{右}) \tag{3.5}$$

同上述方法在 O 点安置经纬仪,观测 B 点,垂直角的记录计算格式见表 3.2。

表 3.2　垂直角观测手簿

测站	目标	竖盘位置	竖盘读数			半测回竖直角			指标差	一测回垂直角		
			°	′	″	°	′	″	″	°	′	″
O	A	左	86	46	48	03	13	12	−9	03	13	03
		右	273	12	54	03	12	54				
	B	左	97	24	36	−7	24	36	−12	−7	24	48
		右	262	35	00	−7	25	00				

3.竖盘指标差

上述垂直角的计算,是假定指标水准管气泡居中时,指标处于正确位置,盘左和盘右在望远镜水平时的竖盘常数分别为 $90°$ 和 $270°$。但事实上,当气泡居中时,指标所处的实际位置往往和其应处的正确位置相差一个小角 x,x 称为指标差,如图 3.13 所示。

盘左在望远镜水平时竖盘读数实际上为 $90°+x$,盘右实际上为 $270°+x$。故用盘左、盘右测垂直角时,如图 3.14 所示,正确的垂直角应为

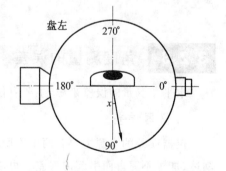

图 3.13　竖直度盘指标差原理

$$\alpha = (90° + x) - L \tag{3.6}$$
$$\alpha = R - (270° + x) \tag{3.7}$$

由上两式可以导出

$$x = \frac{1}{2}(L + R - 360°) \tag{3.8}$$

对于同一台仪器来说,指标差应是一个常数,但由于偶然因素的影响,它也可能变化,其变化范围应符合规范中的规定。

式(3.6)和(3.7)又可写成

$$\alpha = \alpha_左 + x \tag{3.9}$$

$$\alpha = \alpha_右 - x \tag{3.10}$$

即在盘左和盘右测得的垂直角中分别加上和减去一个指标差,便可得到正确的垂直角。

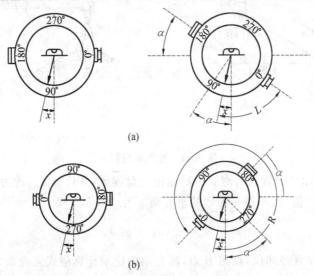

(a)

(b)

图 3.14 指标差对竖直角的影响

同样,由式(3.9)和(3.10)又可导出

$$\alpha = \frac{1}{2}(\alpha_左 + \alpha_右) \tag{3.11}$$

即盘左、盘右测得的同一垂直角取其平均值,可以消除指标差的影响。

技 术 点 睛

经纬仪、全站仪操作过程中,点之记应足够小,必须严格对中,照准目标的根部,避免照准误差的产生。

3.2.3 角度测量的误差

水平角测量的误差来源,主要有仪器误差、整平误差、观测误差和外界条件影响造成的误差。

1. 仪器误差

仪器误差的来源主要有两个方面:一方面是仪器检验与校正后还存在着残余误差;另一方面是仪器制造、加工不完善而引起的误差。可以采用适当的观测方法来减弱或消除其中一些误差。如视准轴不垂直于横轴、横轴不垂直于竖轴及度盘偏心等误差,可通过盘左、盘右观测取平均值的方法消除,度盘刻划不均匀的误差可以通过改变各测回度盘起始位置的办法来削弱。

2. 整平误差

整平误差引起竖轴倾斜,且正、倒镜观测时的影响相同,因而不能消除。故观测时应严格整平仪器。

其影响类似于横轴与竖轴不垂直的情况,垂直角越大,影响也越大。在山区观测时,一般垂直角较大,尤其要注意。当发现水准管气泡偏离零点超过一格时,要重新整平仪器,重新观测。

3. 观测误差

(1)瞄准误差

影响瞄准的因素很多,现只从人眼的鉴别能力做简单的说明。人眼分辨两个点的最小视角约为60″,以此作为眼睛的鉴别角。当放大倍率为 v 倍时,瞄准误差为

$$m_v = \pm \frac{60''}{v}$$

设望远镜的放大倍率为 28 倍,则该仪器的瞄准误差为

$$m_v = \pm \frac{60''}{v} = \pm 2.3''$$

(2)读数误差

用分微尺测微器读数时,一般可估到最小格值的 1/10。以此作为读数误差 m_0,则

$$m_0 = \pm 0.1t$$

式中　t——分微尺的最小格值。

设 $t = 1'$,则读数误差 $m_0 = \pm 6''$。如果反光镜进光情况不佳,读数显微镜调焦不好和观测者的技术不够熟练,则估读误差可能超过 $\pm 6''$。

4. 外界条件影响造成的误差

外界条件对观测质量有直接影响,如松软的土壤和大风影响仪器的稳定;日晒和温度变化影响仪器整平;大气层受地面热辐射的影响会引起物像的跳动等。因此,要选择目标成像清晰而稳定的有利时间观测,设法克服不利环境的影响,以提高观测成果的质量。

3.2.4　经纬仪的检验

如图 3.15 所示,一台结构完善的经纬仪,其轴线在理论上主要应满足如下几何条件:

①照准部水准管轴垂直于仪器竖轴($LL \perp VV$)。

②十字丝的竖丝垂直于水平横轴。

③望远镜的视准轴垂直于水平横轴($CC \perp HH$)。

④水平横轴垂直于仪器竖轴($HH \perp VV$)。

仪器出厂时,一般能够满足上述关系,但在运输或使用过程中,由于受震动等因素的影响,这些轴线关系可能会发生变化。因此,应经常对所用的经纬仪进行检验与校正。

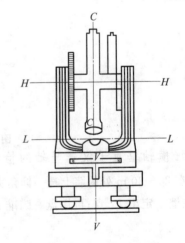

图 3.15　经纬仪各轴线关系示意图

1. 水准管轴垂直于竖轴的检验

先按整平仪器的步骤将仪器大致整平,然后转动仪器,使水准管平行于任意两个脚螺旋的连线,并旋转这两个脚螺旋,使水准管的气泡严格居中,再将仪器转 180°,若水准管的气泡仍居中,说明条件满足,否则需要校正。

2. 十字丝竖丝垂直于横轴的检验

如图 3.16 所示,将仪器整平后,用十字丝交点切准一明晰的小目标点,然后旋转望远镜的微动螺旋,使目标点相对移到竖丝的下端或上端,若目标点始终在竖丝上移动,则说明该项条件满足,否则,应对十字丝进行校正。

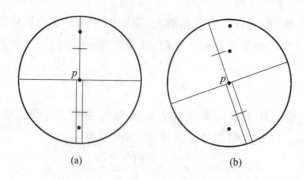

图 3.16　十字丝不垂直于横轴检验图

3.视准轴垂直于横轴的检验

在平坦的地面上,选一条约 80 m 长的直线 AB,在其中点 O 安置经纬仪,在 A 点与仪器同高处设一瞄准标志,在 B 点与仪器同高处横放一把毫米尺,如图 3.17 所示。盘左瞄准 A,固定照准部后旋转望远镜,用竖丝在横尺上截取读数 B_1;再用盘右位置瞄准 A,固定照准部后旋转望远镜,用竖丝在横尺上截取读数 B_2。若 B_1 与 B_2 重合,说明该项条件满足,否则,说明存在视准误差 C。当 C 超限时,应对仪器进行校正。

$$C = \frac{B_1 B_2}{4 \cdot OB} \cdot \rho \tag{3.12}$$

$J_6:2C>60''$;$J_2:2C>30''$ 时,则需校正。

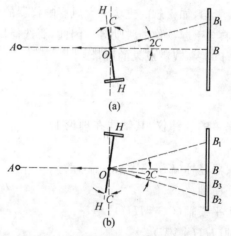

图 3.17　视准轴垂直于横轴的检验图

4.横轴垂直于仪器竖轴的检验

在 $20\sim30$ m 处的墙上选一仰角大于 $30°$ 的目标点 P,如图 3.18 所示,先用盘左瞄准 P 点,放平望远镜,在墙上定出 P_1 点;再用盘右瞄准 P 点,放平望远镜,在墙上定出 P_2 点。

$$i = \frac{P_1 P_2}{2D \cdot \tan \alpha} \cdot \rho \tag{3.13}$$

$J_6:i>20''$,则需校正。

5.指标差的检验

整平经纬仪,盘左、盘右观测同一目标点 P,转动竖盘指标水准管微动螺旋,使竖盘指标水准管气泡居中,读记竖盘读数 L 和 R,按下式计算竖盘指标差:

$$x = \frac{1}{2}(L + R - 360°)$$

当竖盘指标差 $x > 1'$ 时,则需校正。

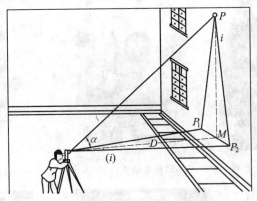

图 3.18　横轴垂直于仪器竖轴的检验

3.3　全站仪基本构造与操作

3.3.1　全站仪基本构造

1.全站仪的发展简况

全站仪是全站型电子速测仪(Electronic Total Station)的简称,可在一个测站上同时完成测角(水平角、竖直角)、测距(斜距、平距和高差),并能自动计算出待定点的三维坐标 (x, y, H)。由于只安置一次仪器就可以完成本站所有的测量工作,故称"全站仪"。

全站仪按数据存储方式分为内存型和电脑型两种。内存型全站仪的所有程序都固化在仪器的存储器中,不能添加或改写,其功能无法扩充;而电脑型全站仪内置操作系统,所有的程序均运行于其上,使用者可根据实际需要添加相应程序来扩充其功能。

全站仪由电源、测角、测距、中央处理器、输入输出接口几个部分组成。电源是可充电池,供各部分运转及望远镜十字丝和显示器的照明;测角部分相当于电子经纬仪,用来测水平角、竖直角,设置方位角;测距部分就是测距仪,一般用红外光源测量仪器到反射棱镜间的斜距、平距和高差;中央处理器用于接收指令、分配各种作业、进行测量数据运算,还包括运算功能更完善的各种软件;输入输出部分包括操作键盘、显示屏和接口,键盘可输入操作指令、数据以及设置参数;显示屏可显示当前所处的工作模式、状态、观测数据和运算结果;接口使全站仪与微机交互通信、传输数据。

全站仪除具有测角(水平角、竖直角)、测距(斜距、平距和高差)、自动计算出待定点的三维坐标 (x, y, H) 功能外,还有对边测量、悬高测量、偏心测量、后方交会、放样测量、面积计算、线路计算、地形测图等一些特殊功能。

随着电子科技技术的发展,全站仪仪器本身也发生着重大的变革,图 3.19 是几款常见的全站仪。

2.全站仪的主要性能指标

衡量一台全站仪的主要性能指标有测角精度、测距精度、测程、补偿器范围、测距时间及工作温度等。表 3.3 列出的是三种型号的全站仪的主要性能指标,仅供参考。

(a)徕卡 TPS700 系列　　　(b)拓普康 GTS332W　　　(c) 索佳 10 系列

(d)尼康 DTM801 系列　　(e)宾得全站仪 PTS-V2　　(f)南方 NTS202/205

图 3.19　几款常见的全站仪

表 3.3　三种型号全站仪的主要性能指标

		索佳 SET210K	拓普康 GTS-311	徕卡 TC1700
望远镜放大倍数		30×	30×	30×
最短视距/m		1.0	1.3	1.7
角度最小限制		1″	1″	1″
测角精度		±2″	±2″	±1.5″
双轴自动补偿范围		±3′	±3′	±3′
最大测程/m	单棱镜	2.4	2.7	2.5
	三棱镜	3.1	3.6	3.5
测距精度(精测)/mm		$\pm(2+2\times10^{-6}D)$	$\pm(2+2\times10^{-6}D)$	$\pm(2+2\times10^{-6}D)$
测距视距(精测)/m		2.8	3	4
使用温度/℃		-20~+50	-20~+50	-20~+50

3.全站仪的基本构造

本文以苏-光 RTS630 型全站仪为模型,介绍全站仪的构造及使用。

(1)部件名称

苏-光 RTS630 型全站仪如图 3.20 所示。

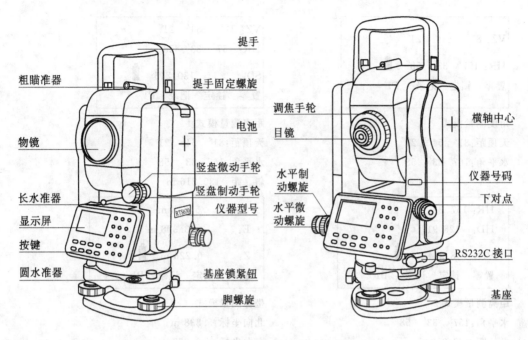

图 3.20 苏—光 RTS630 型全站仪构造

（2）苏—光 RTS630 型全站仪的功能简介

RTS630 系列全站仪测角部分采用光栅增量式数字角度测量系统,测距部分采用相位式距离测量系统;使用微型计算机技术进行测量、计算、显示、存储等多项功能;可同时显示水平角、垂直角、斜距或平距、高差等测量结果,可以进行角度、坡度等多种模式的测量。

RTS630 系列全站仪可广泛应用于国家和城市的三、四等三角控制测量,用于铁路、公路、桥梁、水利、矿山等方面的工程测量,也可用于建筑、大型设备的安装,应用于地籍测量、地形测量和多种工程测量。

（3）苏—光 RTS630 型全站仪使用模式简介

显示屏采用点阵图形式液晶显示(LCD),可显示 4 行汉字,每行 8 个汉字:测量时第一、二、三行显示测量数据,第四行显示对应相应测量模式中的按键功能。苏—光 RTS630 型全站仪界面如图 3.21 所示。

图 3.21 苏—光 RTS630 型全站仪界面

仪器显示分测量模式与菜单模式两种。

①测量模式示例:如图 3.22 所示。

```
VZ：81°   54′   21″
HR：157°  33′   58″
置零  锁定  记录  P1
```
角度测量模式
天顶距：81° 54′ 21″
水平角：167° 33′ 58″

```
VZ：81°   54′   21″
HR：167°  33′   58″
SD：       130.216
置零  锁定  记录  P1
```
距离测量模式1
天顶距：81° 54′ 21″
水平角：167° 33′ 58″
斜　距：130.216 m

```
HR：157°  33′   58″
HD：128.919
VD：18.334
置零  锁定  记录  P1
```
距离测量模式2
水平角：157° 33′ 58″
平　距：128.919 m
高　差：18.334 m

```
N：      5.838 m
E：     −3.308 m
Z：      0.226 m
置零  锁定  记录  P1
```
坐标测量模式
北向坐标：5.838 m
东向坐标：−3.308 m
高　程：0.226 m

图 3.22　测量模式示例

②菜单模式示例：如图 3.23 所示。

```
菜单        1/3
F1：放样
F2：数据采集
F3：程序
```
主菜单（第 1 页 共 3 页）
按 F1 键进入"放样"
按 F2 键进入"数据采集"
按 F3 键进入"程序"

```
设置        1/3
F1：最小读数
F2：角度单位
F3：长度单位
```
设置子菜单（第 1 页 共 3 页）
按 F1 键进入"最小读数"设置
按 F2 键进入"角度单位"设置
按 F3 键进入"长度单位"设置

图 3.23　菜单模式示例

③按键说明，见表 3.4。

表 3.4　全站仪按键表

按键	第一功能	第二功能
F1～F2	对应第四行显示的功能	功能参见所显示的信息
0～9	输入相应的数字	输入字母以及特殊符号
ESC	退出各种菜单功能	
★	夜照明开/关	
⏻	开/关机	
MENU	进入仪器主菜单	字符输入时光标向左移 内存管理中查看数据上一页

续表 3.4

按键	第一功能	第二功能
DISP	切换角度、斜距、平距和坐标测量模式	字符输入时光标向右移 内存管理中查看数据下一页
ALL	一键启动测量并记录	向前翻页 内存管理中查看上一点数据
EDM	测距条件、模式设置菜单	向后翻页 内存管理中查看下一点数据

软键功能标记在显示屏的第四行。该功能随测量模式的不同而改变,见图 3.24 及表 3.5。

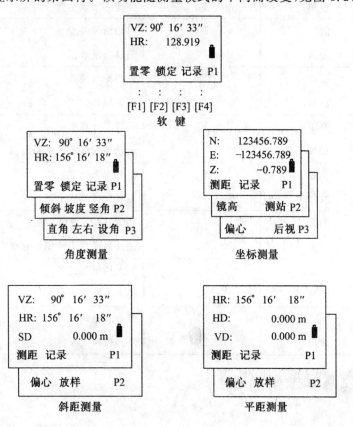

图 3.24　软件功能

表 3.5　全站仪操作模式功能表

模式	显示	软键	功能
角度测量	置零	F1	水平角置零
	锁定	F2	水平角锁定
	记录	F3	记录测量数据
	倾斜	F1	设置倾斜改正功能开或关
	坡度	F2	天顶距/坡度的变换
	竖角	F3	天顶距/高度角的变换
	直角	F1	直角蜂鸣(接近直角时蜂鸣器响)
	左右	F2	水平角顺/逆时针增加(默认右)
	设角	F3	预置一个水平角
斜距测量	测距	F1	启动测量并显示
	记录	F2	记录测量数据
	偏心	F1	偏心测量模式
	放样	F2	距离放样模式
平距测量	测距	F1	测量并计算平距、高差
	记录	F2	记录当前显示的测量数据
	偏心	F1	偏心测量模式
	放样	F2	距离放样模式
坐标测量	测距	F1	测量并计算平距、高差
	记录	F2	记录当前显示的测量数据
	镜高	F1	输入棱镜高度
	测站	F3	输入测站点坐标
	偏心	F1	偏心测量模式
	后视	F3	输入后视点坐标

3.3.2　全站仪基本操作方法

1. 测量准备

(1) 仪器安放

①安放三脚架。首先将三脚架三个架腿拉伸到合适位置上,紧固锁紧装置。

②把仪器放在三脚架上。小心地把仪器放在三脚架上通过拧紧三脚架上的中心螺旋使仪器与三脚架联结紧固。

(2)仪器整平

全站仪对中整平步骤与经纬仪的使用方法一致,在本项目中已经介绍过,此处不再介绍,学员借鉴前面内容进行操作。

(3)输入数字和字母的方法

字母与数字可由键盘输入,十分简单、快捷。

【案例实解】

在存储管理模式下给文件更名,见表 3.6。

表 3.6　全站仪字母与数字输入实例

操作步骤	按键	显示
①仪器开机过零后,按[MENU]键进入主菜单屏幕。按[▶]键进入第 2 页主菜单屏幕	[MENU] [EDM]	菜单　　　　　　　2/2 F1:存储管理 F2:记录口 F3:设置
②按[F1]键,进入存储管理子菜单屏幕,再按[F3]键进入文件管理菜单,按[F1]键对文件改名进入字母输入模式	[F1] [F3] [F1]	>=_　　　　　/M0015 字母　删除　清空　确认
③输入字母。 　　　　输入"S" 　　　　移动光标 　　　　输入"U" 　　　　输入"N" 　　　　输入"_"	[1] [▶] [1][1][1]	>=SUN_　　　/M0015 字母　删除　清空　确认
④按[F1]键,进入数字输入模式 　　　　输入"01"	[5][5] [3][3][3] [F1]	>=SUN_01_　　/M0015 字母　删除　清空　确认
⑤按[F4]键,确认更名	[0][1]	

2.垂直角倾斜改正开/关

当启动倾斜传感器功能时候,将显示由于仪器不严格水平而需对垂直角度添加的改正值。

为保证垂直角的精度,必须启动倾斜传感器。倾斜量的显示也可用于仪器精密整平。若显示(TILT OVER),则表示仪器倾斜已超出自动补偿范围,必须人工整平仪器。

若仪器位置不稳定或刮风,则所显示的垂直角也不稳定。此时可关闭垂直角自动倾斜改正的功能,但可能影响垂直角精度。

设置倾斜改正,见表 3.7。

表 3.7　设置垂直角倾斜改正

操作步骤	按键	显示
①在角度测量模式显示下,按[F4]键进入第 2 页功能键信息显示	[F4]	VZ:82°　21′　50″ HR:157°　33′　58″ 倾斜　坡度　竖角　P2

续表3.7

操作步骤	按键	显示
②按[F1](倾斜)键。显示当前补偿值	[F1]	倾斜　　　　　[X 开] X:　　　　　　−0°1′12″ X 开　总关　关——
③按[F3](关)键,补偿器关闭	[F3]	倾斜　　　　　[X 开] X 开　总关　关——
④按[ESC](关)键,完成垂直角倾斜设置	[F4]	

3.3.3 全站仪角度测量

1.水平角(右角)和垂直角测量

确认在角度测量模式下,全站仪角度测量操作步骤见表3.8。

表3.8　全站仪角度测量操作步骤

操作步骤	按键	显示
①照准第一个目标(A)	照准 A	VZ:89°　25′　55″ HR:157°　33′　58″ 置零|锁定|记录|P1
②设置目标 A 的水平角读数为0°00′00″ 　按[F1](置零)键和[F3](是)键	[1] [3]	水平角置零 确认吗? —|—|是|否 VZ:89°　25′　55″ HR:0°　00′　00″ 置零|锁定|记录|P1
③照准第二个目标(B)。仪器显示目标 A 与 　B 的水平夹角和 B 的垂直角	照准 B	VZ:89°　25′　55″ HR:168°　32′　18″ 置零|锁定|记录|P1

注释:照准目标的方法(供参考)。

①将望远镜对准明亮的地方,旋转目镜调焦环使十字丝清晰。

②利用粗瞄准器内的十字标志瞄准目标。照准时眼睛与瞄准器之间应留有适当距离。

③利用望远镜调焦螺旋使目标成像清晰。

技 术 点 睛⋯⋯⋯⋯⋯

当眼睛在目镜端上下或左右移动有视差时,说明调焦或目镜屈光度未调好,这会影响测量精度,应仔细进行物镜调焦和目镜调焦消除视差。

⋯⋯⋯⋯⋯⋯⋯⋯⋯⋯⋯⋯⋯⋯⋯⋯⋯⋯⋯⋯⋯⋯⋯⋯⋯⋯⋯

2.水平角(右角/左角)的切换

确认在角度测量模式下,全站仪角度模式下左/右盘转换操作步骤见表3.9。

表3.9 全站仪角度模式下左/右盘转换操作步骤

操作步骤	按键	显示
①按两次[F4]键跳过P1、P2进入第3页(P3)功能	[F4] [F4]	VZ:89° 25′ 55″ HR:168° 36′ 18″ 直角|左右|设角|P3
②按[F2](左右)键,水平角测量右角模式转换成左角模式 ③类似右角观测方法进行左角观测	[F2]	VZ:89° 25′ 55″ HL:191° 23′ 42″ 置零|锁定|记录|P1

注:每按一次[F2](左右)键,右角/左角便依次切换;

右角(HR):水平角顺时针方向增加;

左角(HL):水平角逆时针方向增加;

左角与右角的关系是互补关系,即左角+右角=360°;

出厂默认设置为右角(HR)方式。在没有完全理解左角与右角对测量工作的作用及影响之前,一般不建议用户使用左角(HL)方式。

3.水平读盘读数的设置

(1)利用锁定水平角法设置

确认在角度测量模式下,全站仪角度锁定操作步骤见表3.10。

表 3.10 全站仪角度锁定操作步骤

操作步骤	按键	显示
①利用水平微动螺旋设置水平度盘读数为要设置的角度。	显示 角度	VZ:89° 25′ 55″ HR:191° 23′ 42″ 置零│锁定│记录│P1
②按[F2](锁定)键,启动水平度盘锁定功能。照准需要设置读数的方向。	[F2]	水平角锁定 HR:191° 23′ 42″ 确认吗? ——│——│是│否
③按[F3](是)键,将当前方向置为锁定状态时所显示的角度。显示返回到正常的角度测量模式。	[F3]	VZ:89° 25′ 55″ HR:191° 23′ 42″ 置零│锁定│记录│P1

(2)利用数字键设置

确认在角度测量模式下,全站仪角度设置操作步骤见表 3.11。

表 3.11 全站仪角度设置操作步骤

操作步骤	按键	显示
①照准定向目标点。	显示 角度	VZ:89° 25′ 55″ HR:168° 36′ 18″ 置零│锁定│记录│P1 倾斜 坡度 竖角 P2 直角 左右 设角 P3
②按两次[F4](P1、P2)键,进入第3页功能,再按[F3](设角)键。 ③按[F1](输入)键输入水平度盘读数。 例如:80° 30′ 50″。	[F4][F4] [F3]	水平角设置 HR:80.3050 确认吗? 数字—— —— 确认
④按[F4](确认)键。再按[F4](确认)键。至此,水平方向角度被设为输入的值。	[F4] [F4]	VZ:89° 25′ 55″ HR:80° 30′ 50″ 直角│左右│设角│P3

注释:
①若输入有误,可按[MENU](左移)键移动光标,或按[ESC](退出)键重新输入正确值;
②若输入错误数值,则设置失败,须从第③步重新输入。

4.垂直角、坡度模式

确认在角度测量模式下,全站仪竖直角测量操作步骤见表3.12。

表3.12 全站仪竖直角测量操作步骤

操作步骤	按键	显示
①按[F4](P1)键,进入第2页功能。	[F4]	VZ:89° 25′ 55″ HR:168° 36′ 18″ 置零|锁定|记录|P1 倾斜 坡度 竖角 P2
②按[F2](坡度)键。	[F2]	V: 0.99% HR:168° 36′ 18″ 置零|锁定|记录|P1

5.天顶距高度角模式

确认在角度测量模式下,全站仪天顶距测量操作步骤见表3.13。

表3.13 全站仪天顶距测量操作步骤

操作步骤	按键	显示
①按[F4](P1)键,进入第2页功能。	[F4]	VZ:89° 25′ 55″ HR:168° 36′ 18″ 置零|锁定|记录|P1 倾斜 坡度 竖角 P2
②按[F3](竖角)键。	[F3]	VH:0° 34′ 55″ HR:168° 36′ 18″ 置零|锁定|记录|P1

6.水平角直角蜂鸣的设置

直角蜂鸣打开时,水平角落在0°、90°、180°或270°的±1°范围以内,蜂鸣声响起,直到水平角调节到 $0°00′00″(±1″)$ 、 $90°00′00″(±1″)$ 、 $180°00′00″(±1″)$ 或 $270°00′00″(±1″)$ 时,蜂鸣声才会停止,全站仪蜂鸣设置操作步骤见表3.14。

表 3.14　全站仪蜂鸣设置操作步骤

操作步骤	按键	显示
①按两次[F4]（P1、P2）键，进入第3页功能。	[F4][F4]	VZ：89° 25′ 55″ HR：168° 36′ 18″ 置零|锁定|记录|P1 倾斜 坡度 竖角 P2 直角 左右 设角 P3
②按[F1]（直角）键，显示上次设置状态。	[F1]	直角蜂鸣 ［关］ 开|关|——|——
③按[F1]（开）键或[F2]（关）键选择蜂鸣器的开/关。	[F1]或[F2]	直角蜂鸣 ［开］ 开|关|——|——
④按[ESC]（退出）键。	[ESC]	VZ：89° 25′ 55″ HR：168° 36′ 18″ 直角|左右|设角|P3

基础同步

一、填空题

1. 水平角是指_____。

2. 竖直角是指_____。

3. J_6 光学经纬仪由_____、_____、_____三大部分组成。

4. 经纬仪的使用，一般有_____、_____、_____、_____四个基本步骤组成。

5. 经纬仪的主要轴线有_____、_____、_____、_____。

6. 水平角测量的误差来源，主要有_____、_____、_____和外界条件影响造成的误差。

二、选择题

1. 转动经纬仪物镜对光螺旋的目的是使（　　）十分清晰。

A. 物像　　　　　　　　B. 十字丝分划板　　　　C. 物像与十字丝分划板

2. 竖直角（　　）。

A. 只能为正　　　　B. 只能为负　　　　C. 可为正，也可为负　　D. 不能为零

3. 经纬仪用光学对中器对中的误差应控制在（　　）mm 内。

A. 2　　　　　　　B. 3　　　　　　　C. 1　　　　　　　D. 5

4. 测回法适用于（　　）间的夹角。

A. 三个方向　　　　　B. 两个方向　　　　C. 一个方向　　　　D. 三个以上的方向

5.用光学经纬仪测量水平角与竖直角时,度盘与读数指标的关系是(   )。

A 水平盘转动,读数指标不动;竖盘不动,读数指标转动

B 水平盘转动,读数指标不动;竖盘转动,读数指标不动

C 水平盘不动,读数指标随照准部转动;竖盘随望远镜转动,读数指标不动

D 水平盘不动,读数指标随照准部转动;竖盘不动,读数指标转动

6.转动经纬仪目镜对光螺旋的目的是使(   )十分清晰。

A.物像   B.十字丝分划板   C.物像与十字丝分划板

7.观测水平角时,照准不同方向的目标,应如何旋转照准部?(   )

A.盘左顺时针,盘右逆时针方向   B.盘左逆时针,盘右顺时针方向

C.总是顺时针方向   D.总是逆时针方向

8.竖直角的最大值为(   )。

A 90°   B.180°   C.270°   D.360°

9.测回法测水平角,上、下半测回测得角值之差应(   )。

A.小于等于40″   B.等于40″   C.小于40″   D.大于40″

10.经纬仪的竖直读盘在望远镜的 左侧称为(   )。

A.盘左   B.盘右   C.盘中   D.倒镜

三、简答题

1.简述用经纬仪测水平角∠AOB的过程(一测回)。

2.简述经纬仪操作中的对中、整平的过程。

3.简述测量竖直角的操作过程。

4.简述全站仪的基本操作方法。

5.什么是竖盘指标差?

实训提升

1.用箭头标明如何转动三只脚螺旋,使图3.25中所示的水准管气泡居中。

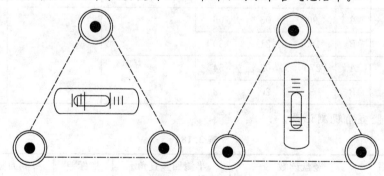

图3.25　实训提升1题图

2.试完成下列测回法水平角观测手簿的计算(表 3.15)。

表 3.15

测站	目标	竖盘位置	水平度盘读数 (°′″)			半测回角值 (°′″)	一测回平均角值 (°′″)
一测回 B	A	左	0	06	24		
	C		111	46	18		
	A	右	180	06	48		
	C		291	46	36		

3.完成下列竖直角观测手簿的计算,不需要写公式,全部计算均在表 3.16 中完成。

表 3.16

测站	目标	竖盘位置	竖盘读 (°′″)			半测回竖直角 (°′″)	指标差 (″)	一测回竖直角 (°′″)	备注
A	B	左	81	18	42				竖盘度盘为顺时针标记
		右	278	41	30				
	C	左	124	03	30				
		右	235	56	54				

4.计算测表 3.17 中回法观测数据。

表 3.17

测站	竖盘位置	目标	水平度盘读数			半测回角值	一测回角值	各测回平均值
第一测回 O	左	A	0	02	30			
		B	95	20	42			
	右	A	180	02	48			
		B	275	21	12			
第二测回 O	左	A	90	03	06			
		B	185	21	30			
	右	A	270	02	54			
		B	5	20	48			

5.整理表 3.18 竖直角观测记录。

表 3.18

测站	目标	竖盘位置	竖盘读数			半测回竖直角	指标差	一测回竖直角	备注
O	A	左	86	47	42				竖直度盘为顺时针标记
		右	273	11	54				
	B	左	97	25	42				
		右	262	34	00				

项目 4 距离测量

项目目标

【知识目标】

1. 掌握钢尺量距、视距测量和光电测距的测量原理；
2. 掌握钢尺量距的一般测量方法。

【技能目标】

1. 能够进行直线定线、平量法的往返丈量工作；
2. 能够进行视距测量工作并对观测成果进行整理。

【课时建议】

6 课时（理论 4 课时，实训 2 课时）

4.1　测量距离

4.1.1　钢尺量距一般方法

在距离测量时，得到的结果必须是直线距离，若用钢尺丈量距离，丈量的距离一般都比整尺长，一次测量不能完成，需要在直线方向上标定一些点，这项工作称为直线定线。钢尺量的是两点间的直线水平距离，而不是两点间任何曲线距离。

1. 测量的工具

测量的工具有很多种，主要有钢尺、标杆、测钎、垂球等。钢尺又称为钢卷尺，是钢制的带状尺，一般由宽 10~15 mm、厚 0.2~0.4 mm 的薄钢片制成，长度有 20 m、30 m、50 m 等几种。钢尺的基本刻划分为"cm"，最小刻划为"mm"，在"m"处和"dm"处有数字标记。

钢尺根据零点的位置不同分为端点尺和刻划尺两种。端点尺是以尺外边为钢尺的零点，如图 4.1(a)所示。刻划尺是以尺的前端作为钢尺的零点，如图 4.1(b)所示。

标杆又叫花杆，如图 4.2 所示，用长 2~3 m、直径 3~4 cm 的木杆或玻璃钢制成。杆上每隔 20 cm 用红白油漆涂抹，底部为金属尖，方便插入土中。

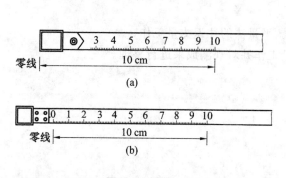

图 4.1　钢尺

图 4.2　标杆

2. 直线定线

当地面上两点的距离过长或地形起伏较大时，为了便于量距，需要在两点的连线方向上标定出若干点，这项工作称为直线定线。

当直线定线精度要求不高时，可用目估定线，又称标杆定线。如图 4.3(a)所示，在 A、B 量距的端点上竖立标杆，测量员甲站在 A 点标杆后 1~2 m 处，由 A 瞄向 B，使视线与标杆边缘相切，然后甲指挥乙持标杆左右移动，直到 A、2、B 三根标杆位于同一直线上，将标杆竖直插在地上。直线定线一般应由远及近，即先定 1 点，再定 2 点。

当直线定线精度要求较高时，可用经纬仪定线。如图 4.3(b)所示，欲在 AB 直线上精确定出 1、2、3 点的位置，可将经纬仪安置于 A 点，用望远镜照准 B 点，固定照准部制动螺旋，然后将望远镜向下俯视，将十字丝交点投测到木桩上，并钉小钉以确定 1 点的位置。同法标定出 2、3 点的位置。

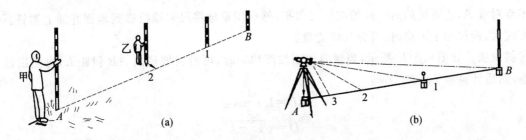

图 4.3　目估定线及经纬仪定线

3.量距的一般方法

(1)在平坦地面上量距

如图 4.4 所示，先用桩将 A、B 两点标记出来，然后分别在两点外侧立标杆，确定两点直线上没有障碍物。丈量工作一般由两个人进行，后尺手持钢尺的零点位于 A 点，并在 A 点上插一测钎；前尺手持钢尺的末端并携带一组测钎，沿着前进方向，行至一尺段处停下。后尺以手势指挥前尺将钢尺拉在 AB 直线方向上，当后尺以尺的零点对准 A 点并发出确定可以时，两人同时把钢尺拉近，保持尺面水平，前尺手持测钎对准钢尺的整尺段刻划线竖直插下，得到 1 点，完成了 A—1 尺段的丈量。后面根据前面的测量方法类推，直至最后一段 n—B 余长。这样，AB 的水平距离为

$$L = nl + q \tag{4.1}$$

式中　l——钢尺的尺长；

n——尺段数；

q——不足一整尺的余长。

在实际丈量中，为了校核并提高精度，一般需要往返丈量，并取往返丈量的平均值作为该直线的最后丈量结果，并将往返丈量之差称为较差，用 ΔL 表示；较差 ΔL 与往返丈量的平均值之比，称为相对误差，用 K 表示，用以衡量丈量的精度，即

$$K = \frac{|\Delta L|}{\overline{L}} = \frac{\frac{1}{\overline{L}}}{|\Delta L|} = \frac{1}{N} \tag{4.2}$$

在平坦地区，量距精度要达到 1/3 000 以上，在困难地区要达到 1/1 000 以上。

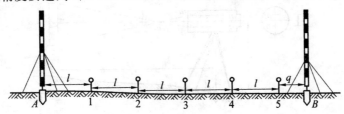

图 4.4　钢尺量距方法

【案例实解】

对某直线进行往返丈量，往测为 198.376 m，返测为 198.369 m，则其相对误差为多少？

解　其相对误差为

$$K = \frac{|198.376 - 198.339|}{\dfrac{198.376 + 198.339}{2}} = \frac{0.037}{198.356} \approx \frac{1}{5\ 361}$$

(2)在倾斜地面上量距。

①平量法。如图 4.5(a)所示，丈量由 A 向 B 进行，甲立于 A 点，指挥乙将尺拉在 AB 方向线上。甲

将尺零点对准 A,乙将尺的另一端抬起使尺水平,然后用垂球将尺末端投影到地面并插上测钎。当地面倾斜度较大、钢尺抬平困难时,可分几段丈量。

②斜量法。如图 4.5(b)所示,当倾斜地面坡度均匀时,可沿斜坡量出 AB 斜距 L,再测出地面倾角或高差,然后计算水平距离 D,即

$$D = L \cdot \cos \alpha \tag{4.3}$$

$$D = \sqrt{L^2 - h^2} \tag{4.4}$$

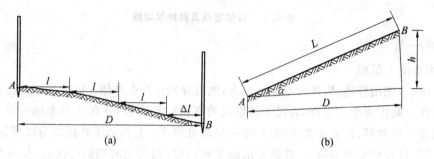

图 4.5　倾斜地面的丈量

4.1.2 视距测量

视距测量是一种根据几何光学原理,同时测定点位间距离和高差的方法。该方法利用望远镜十字丝分划板上的视距丝和标尺进行观测,方法简便、快速、不受地面起伏影响,测距精度约 $1/200 \sim 1/300$,能满足碎部测图的要求,因而广泛用于地形测量。

1. 视距测量原理

(1)视线水平时的距离和高差公式

如图 4.6 所示,经纬仪置于测站 A,标尺立于测点 B,设两点间的距离为 D,高差为 h。当视线水平时,视准轴与标尺垂直,十字丝分划板的上下视距丝 m、n 经物镜焦点 F 投影到标尺上的 M、N 两点,MN 长度称为视距间隔或尺间隔。

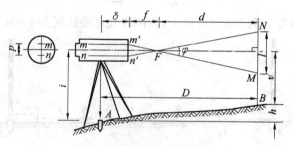

图 4.6　视线水平时的视距测量

设尺间隔 $MN = l$,十字丝板的上下视距丝间隔 $mn = p$,f 为物镜焦距,δ 为目镜中心至仪器中心的距离,d 为物镜焦点至标尺距离。由相似原理可得 $d = \dfrac{f}{p}l$,则

$$D = d + f + \delta = \frac{f}{p}l + f + \delta$$

令 $\dfrac{f}{p} = K$,称为视距常数;$f + \delta = c$,称为视距加常数。则

$$D = K \cdot l + c$$

经纬仪在设计和制造时,通常使 $K=100$,c 很小忽略不计,则

$$D = K \cdot l \tag{4.5}$$

同时

$$h = i - v \tag{4.6}$$

式中　i——仪器高,是测站点 A 到经纬仪横轴的高度,可用钢尺量出;

　　　v——十字丝中横丝的标尺读数。

(2)视线倾斜时的距离和高差公式

在地面起伏较大的地区进行视距测量,有时必须使视线倾斜才能观测到标尺。如图 4.7 所示,当视线不垂直于标尺,不能直接引用式(4.5)和(4.6)。为此,过 G 作辅助线 $M'N'$ 垂直于视线,与标尺成 α 角。因 φ 很小(约为 $34'23''$)故可将 $\angle GM'M$ 和 $\angle GN'N$ 近似视为直角,因此可得

$$l' = M'N' = M'G + GN' = MG \cdot \cos \alpha + GN \cdot \cos \alpha = l \cdot \cos \alpha$$

故斜距 S 为

$$S = K \cdot l' \cdot \cos \alpha$$

又

$$D = S \cdot \cos \alpha$$

即

$$D = K \cdot l \cdot \cos^2 \alpha \tag{4.7}$$

同时

$$h = h' + i - v = S \cdot \sin \alpha + i - v = K \cdot l \cdot \sin \alpha \cdot \cos \alpha + i - v$$

即

$$h = \frac{1}{2} K \cdot l \cdot \sin 2\alpha + i - v \tag{4.8}$$

在实际测量中,常以中横丝瞄准标尺上的 i 值,即使 $v = i$,以简化式(4.8)的计算。

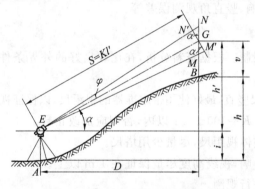

图 4.7　视距倾斜时的视距测量

2.视距测量的观测步骤和计算

①如图 4.7 所示,安置经纬仪于 A 点,量取仪器高 i,在 B 点竖立视距尺。

②用盘左或盘右,转动照准部瞄准 B 点的视距尺,分别读取上、中、下三丝在标尺上的读数 b、v、a,计算出视距间 $l = a - b$。在实际视距测量操作中,为了使计算方便,读取视距时,可使下丝或上丝对准尺上一个整分米处,直接在尺上读出尺间隔 n,或者在瞄准读中丝时,使中丝读数 l 等于仪器高 i。

③转动竖盘指标水准管微动螺旋,使竖盘指标水准管气泡居中,读取竖盘读数,并计算竖直角 α。

④将上述观测数据分别记入视距测量手薄表 4.1 中相应的栏内。再根据视距尺间隔 l、竖直角 α、仪器高 i 及中丝读数 v,按式(4.7)和式(4.8)计算出水平距离 D 和高差值,最后根据 A 点高程 H_A 计算出待测点的高程 H_B。

表 4.1　视距测量计算表

测站:F		测站高程:86.45 m		仪器高:1.435 m			仪器:J₆			

测站:F　　　　　　测站高程:86.45 m　　　　仪器高:1.435 m　　　　仪器:J₆

日期:××××年6月6日　　　视线高:7.885 m　　　　观测:×××　　　　　记录:××

点号	下丝读数/m	上丝读数/m	中丝读数/m	视距间隔/m	竖盘读数 °	读数 ′	竖直角 °	角 ′	水平距离/m	高差/m	高程/m	备注
1	1.718	1.192	1.455	0.526	85	32	+4	28	52.28	+4.06	90.51	
2	1.944	1.346	1.645	0.598	83	45	+6	15	59.09	+6.26	92.71	
3	2.153	1.627	1.890	0.526	92	13	−2	13	52.52	−2.49	83.96	
4	2.226	1.684	1.955	0.542	84	36	+5	24	53.72	+4.56	91.01	

3.视距测量误差

(1)读取尺间隔误差

用视距丝在视距尺上读数,其误差与尺面最小分划的宽度、观测距离的远近、望远镜的放大倍率等因素有关,即受使用的仪器和作业条件影响。

(2)视距尺倾斜误差

视距尺倾斜误差的影响与竖直角大小有关,随竖直角绝对值的增大而增大。在山区测量时尤其要注意这个问题。

上述两项误差是视距测量的主要误差源,除此以外,影响视距测量精度的还有乘常数 K 值误差、标尺分划误差、大气垂直折光影响、竖直角观测误差等。

4.注意事项

①对视距长度必须加以限制。根据资料分析,在比较良好的外界条件下,视距在 200 m 以内,视距测量的精度可达到要求。

②作业时,应尽量将视距尺竖直,最好使用带水准器的视距尺,以保证视距尺的竖直精度在 30′ 以内。

③严格检核常数 K 值,使 K＝100±0.1 以内,否则应加改正数。

④最好采用厘米刻划的整体视距尺,尽量少用塔尺。

⑤为减少大气垂直折光影响,视线高度尽量保证在 1 m 以上。

⑥在成像稳定的情况下进行观测。

4.1.3　距离测量误差

距离丈量时,无论采用何种方法,其往返丈量的结果常常是不一致的,这说明在距离丈量中不可避免地存在误差。因此,必须了解误差的来源,并采取相应的措施削弱或消除影响。

1.尺长误差

因为钢尺的名义长度与实际长度不符而产生的尺长误差,会随着距离的增长而增加。所以,在量距之前,应对钢尺进行检定,以便在计算中加上尺长改正以消除之。

2.温度变化误差

钢尺的长度随温度而变化,所以在精密量距时,需测定钢尺的表面温度(最好使用点温计),以便进行温度改正。

3.拉力误差

钢尺具有弹性,受拉时会伸长。如果丈量时不用弹簧秤衡量拉力,仅凭手臂感觉,会因与检定时的拉力不一致而产生拉力误差。可以证明，当拉力误差为 3 kg、尺长为 30 m 时，钢尺量距误差可达到 ±1 mm。因此，在精密量距时，应使用弹簧秤控制拉力，使其与检定时的拉力相等。

4.钢尺不水平误差与垂直误差

平量时钢尺不水平，悬量时钢尺中间下垂，都会引起量得的长度大于实际长度。因此，平量时应拉平尺子，若精密量距应进行倾斜改正。悬量时最好有人在中间抬起钢尺，并利用悬量方程式进行尺长改正。

5.定线误差

量距时，若各尺段标志不在待测距离的直线方向，即定线有误差，这样量出的距离是折线而不是直线，导致所量距离总是偏大。因此，在一般量距中，每一整尺段的定线误差要控制在 0.4 m 以内；在精密量距中，应使用经纬仪定线。

6.钢尺对准及读数误差

钢尺对准及读数误差是指量距时，钢尺对准端点及插钎时落点不准以及读数不准确而引起的误差。这种误差属偶然误差，无法抵消。因此，必须认真仔细地对点和读数。

技术点睛 ::::::::::::::::::

使用钢尺时，不能在地面上拖拽，以免尺面刻划受磨损，导致数字注记不清晰；钢尺不能扭曲，否则极易折断；使用完毕，应及时擦去尺面上的灰尘和水，涂以机油，以防生锈。

4.2　光电测距

4.2.1　光电测距的原理

光电测距仪测量的基本操作方法与全站仪类似。电磁波测距是利用电磁波作载波，在其上调制测距信号，测量两点间距离的方法。它与钢尺量距和视距测量相比，具有速度快、测程长、精度高、受地形影响小、使用方便等优点。随着微电子技术的高速发展，电磁波测距仪正朝着小型化、智能化、多功能方向发展，被广泛应用于各项测量工作中。

测量原理如图 4.8 所示，欲测量 A、B 两点间的距离 D，在 A 点安置测距仪，B 点安置反射镜。由测距仪发出的电磁波信号经反射镜反射又回到测距仪。若电磁波信号往返所需的时间为 t，信号在大气中传播的速度为 c，则 A、B 之间的距离为

$$D = \frac{1}{2}ct \tag{4.9}$$

从式（4.9）可以看出，测距精度主要取决于测时精度。

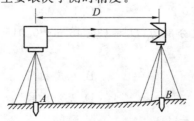

图 4.8　电磁波测距基本原理

4.2.2 全站仪距离测量步骤

全站仪距离测量的基本操作方法与光电测距仪类似。

观测步骤：

①仪器参数的设置。设置测距模式（重复精测、单次精测、单次粗测、跟踪测量）、目标类型（棱镜、反射片）、棱镜常数改正值、温度、气压、气象改正值。

②照准目标（反射棱镜），在测量模式下按[测距]键开始测量距离。

③按[停]键停止距离测量，按[切换]键可显示出斜距"S"、平距"H"和高差"V"。

测量结果根据测量模式设置的不同而改变，当模式设置为单次的时候，测量结果显示为当次测量结果；当模式设置为连续的时候，仪器最后显示为所有测量次数结果的平均值；当模式设置为跟踪的时候，仪器显示的测量结果只精确到小数点后两位（即 cm）。

光电测距的注意事项：

①气象条件对光电测距影响较大，应选择大气条件比较稳定的时机。

②测线应离开地面障碍物 1.3 m 以上，避免通过发热体和较宽水面的上空。

③测线应避开强电磁场干扰的地方，距变压器、高压线不宜太近。

④镜站的后面不应有反光镜和其他强光源等背景的干扰。

⑤严防阳光及其他强光直射接收物镜，避免损坏光电器件，阳光下作业应撑伞保护。

一、填空题

1.距离测量的相对误差的公式为_____。

2.钢尺根据零点的位置不同分为_____和_____两种。

3.用目估法或经纬仪法把许多点标定在某一已知直线上的工作称为_____。钢尺量距时，如定线不准，则所量结果偏_____。

4.视距测量是一种根据几何光学原理，同时测定点位间_____和_____的方法。

5.视距测量的精度通常为_____。

6.电磁波测距的基本公式 $D=\frac{1}{2}ct$ 中，c 代表_____。

二、选择题

1.距离测量中的相对误差通过用（　　）来计算。

A.往返测距离的平均值　　　　　　　　　B.往返测距离之差的绝对值与平均值之比值

C.往返测距离的比值　　　　　　　　　　D.往返测距离之差

2.某段距离的平均值为 100 m，其往返较差为＋20 mm，则相对误差为（　　）。

A.0.02/100　　　　　　B.0.000 2　　　　　　C.1/5 000

3.测量了两段距离及其中误差分别为：$D_1=136.46$ m±0.015 m，$D_2=960.76$ m±0.025 m，比较它们测距精度的结果为（　　）。

A.D_1 精度高　　　　　　　　　　　　　B.精度相同

C.D_2 精度高　　　　　　　　　　　　　D.无法比较

4.（　　）是测量的基本工作之一。

A.距离测量　　　　　　　　　　　　　　B.碎步测量

C.施工测量
D.控制测量

5.距离测量的结果是求得两点间的(　　　)。

A.斜线距离
B.水平距离

C.折线距离
D.高程之差

6.由于钢尺的不水平对距离测量所造成的误差是(　　　)。

A.偶然误差
B.系统误差

C.可能是偶然误差也可能是系统误差
D.既不是偶然误差也不是系统误差

三、判断题

1.刻划尺是以尺的前端作为钢尺的端点。　　　　　　　　　　　　　(　　)

2.在平坦地区,量距精度要达到1/1 000以上。　　　　　　　　　　(　　)

3.在倾斜地面上,当采用斜量法时无法求出两点间的水平距离。　　(　　)

4.用视距测量法测得点位间的距离要比用钢尺准。　　　　　　　　(　　)

四、简答题

1.何为直线定定线? 直线定线的方法有哪些?

2.如何在倾斜地面上量距?

3.距离测量的误差有哪些?

4.视距测量的主要事项都有哪些?

5.简述电磁波测距的优点。

1.(1)丈量 *AB* 线段,往测的结果为 368.876 m,返测的结果为 368.858 m,计算 *AB* 的长度并评定其精度。

(2)用钢尺往返丈量了一段距离,其平均长度为 145.874 m,现要求往返丈量的相对误差不得大于1/3 000,问往返丈量的较差应不超过多少?

2.用经纬仪进行视距测量,其记录见表 4.2,试完成表中计算。

表 4.2　视距测量记录计算表

测站:测站点高程:78.56 m　仪器高:1.47 m

照准点号	视距丝读数/m			中丝读数/m	竖盘读数			视线倾角	水平距离/m	高差/m	高程/m
	下丝	上丝	视距间隔		°	′	″				
1	1.473	0.909		1.190	85	24	18				
2	1.575	0.946		1.263	81	38	54				
3	2.425	1.428		1.927	96	37	36				
4	1.818	1.028		1.425	98	50	30				

项目 **5** 小区域控制测量

【知识目标】

1.掌握小区域控制测量的方法；

2.掌握地形图识读、平面控制测量和高程控制测量的基本原理和方法；

3.掌握导线测量外业工作的施测要求和内业计算方法；

4.掌握全站仪坐标测量的方法，了解 GPS 的基本组成。

【技能目标】

1.能够根据工程情况选择合理的平面控制测量方法和高程控制测量方法；

2.能够根据工程情况选择合理的导线布置形式和进行导线外业工作和内业计算；

3.能够根据工程已知条件进行三角高程测量的外业和内业工作。

【课时建议】

14 课时（理论 10 课时，实训 4 课时）

5.1　地形图的识读

地形图的基本知识

地形图是通过实地测量,将地面上各种地物和地貌的平面位置和高程沿垂直方向投影在水平面上,并按一定的比例尺,用《地形图图式》统一规定的符号和注记,将其缩绘在图纸上的平面图形,既能表示出地物的平面位置,又能表示出地貌形态的情况。由于地形图能客观地反映地面的实际情况,特别是大比例尺(如 1∶500,1∶1 000,1∶2 000,1∶5 000 等)地形图(图 5.1),所以各项经济建设和国防工程建设都在地形图上进行规划和设计。

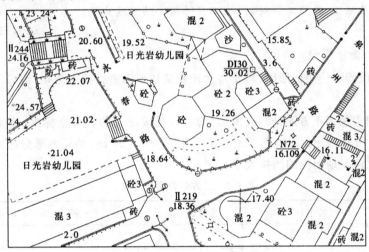

图 5.1　1∶500 城区居民区地形图

1.地形图的比例尺

地形图上任一线段的长度与地面上相应线段的实际水平长度之比,称为地形图的比例尺。

(1)数字比例尺

数字比例尺一般用分子为 1 的分数形式表示。设图上某一线段的长度为 d,地面上相应线段的水平长度为 D,则图的比例尺为

$$\frac{d}{D}=\frac{1}{\dfrac{D}{d}}=\frac{1}{M} \tag{5.1}$$

比例尺的大小是以比例尺的比值来衡量的,分数值越大(分母 M 越小),比例尺越大。

(2)图示比例尺

为了用图方便,以及减弱由于图纸伸缩而引起的误差,在绘制地形图时,常在图上绘制图示比例尺,如图 5.2 所示。

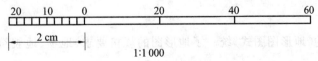

图 5.2　图示比例尺

使用时,用分规的两脚尖对准衡量距离的两点,然后将分规移至图示比例尺上,使一个脚尖对准"0"分划右侧的整分划线上,而使另一个脚尖落在"0"分划线左端的小分划段中,则所量的距离就是两个脚尖读数的总和,不足一小分划的零数可用目估。

(3)比例尺精度

一般认为,人的肉眼能分辨的图上最小距离是 0.1 mm,因此通常把图上 0.1 mm 所表示的实地水平长度,称为比例尺精度。

技术点睛

根据比例尺精度,可以确定在测图时量距应准确到什么程度,例如,测绘 1∶1 000 比例尺的地形图时,其比例尺精度为 0.1 m,因此量距的精度只需到 0.1 m,小于 0.1 m 在图上显示不出来。另外,当设计规定需要在图上能量出的实地最短长度时,根据比例尺精度,可以确定测图比例尺,例如,欲使图上能量出的实地最短线段长度为 0.5 m,则采用的比例尺不得小于 0.1 mm/0.5 m＝1/5 000。但是必须指出,采用哪一种比例尺测图,应从工程规划、施工实际需要的精度出发。

2.地形图的分幅与编号

为了便于测绘、保管和使用地形图,需要将大面积的地形图进行统一分幅、编号。

(1)分幅方法

大比例尺地形图常采用正方形分幅或矩形分幅法,是按统一的直角坐标纵、横坐标格网线划分的。1∶500、1∶1 000、1∶2 000 比例尺地形图上一般采用 50 cm×50 cm 的正方形分幅或 40 cm×50 cm 的矩形分幅。各种大比例尺地形图的图幅大小见表5.1。

表5.1 正方形分幅及面积

比例尺	图幅大小/(cm×cm)	实地面积/km²	一幅 1∶5 000 的图包含的图幅数
1∶5 000	40×40	4	1
1∶2 000	50×50	1	4
1∶1 000	50×50	0.25	16
1∶500	50×50	0.062 5	64

(2)编号方法

正方形分幅或矩形分幅的编号方法有 3 种。

①坐标编号法。采用该图图廓西南角的坐标公里数来编号。编号时,x 坐标在前,y 坐标在后,中间用连字符相连。1∶500 比例尺地形图,坐标取至 0.01 km,如 10.40-21.75;1∶1 000、1∶2 000 比例尺地形图,坐标取至 0.1 km。

②数字顺序编号法。对带状测区或小面积测区,可按测区统一顺序进行编号,一般从左到右,从上到下用阿拉伯数字 1,2,3,…编定,如××-15(××为测区名称)。

③行列编号法。对带状测区或小面积测区,除按数字顺序编号外,还可利用行列编号法。一般以代号(如 A,B,C,…)为横行,由上到下排列,以阿拉伯数字为纵列,从左到右排列,编定按先行后列的顺序,中间加上连字符,如 A-4。

3.地形图符号

国家测绘总局颁发的《地形图图式》统一了地形图的规格要求、地物、地貌符号和注记,供测图和识图时使用。

(1)地物符号

①比例符号。对于轮廓较大的地物,按比例尺将其形状、大小和位置缩绘在图上以表达轮廓性的符号。一般是用实线或点线表示,如房屋、湖泊、森林等。

②非比例符号。对于轮廓较小且具有特殊意义的地物,不能按比例尺缩绘在图上时,采用规定的符号来表示,如三角点、水准点、烟囱等。

③半比例符号。一些呈线状延伸的地物,其长度能按比例缩绘,而宽度不能按比例缩绘的符号,如铁路、公路、围墙、通信线等。其中心线一般表示实地地物的中心位置。

④地物注记。对一些地物的性质、名称等加以注记和说明的文字、数字或特定的符号,如房屋的层数、河流的名称、流向,村庄的名称,控制点的点号、高程,地面的植被种类等。

(2)地貌符号

在图上表示地貌的方法很多,而测量工作中通常用等高线表示,因为用等高线表示地貌,不仅能表示地面的起伏形态,而且还能表示出地面的坡度和地面点的高程。

①等高线。

等高线是由地面上高程相同的点连接而成的连续闭合曲线,如图 5.3 所示。

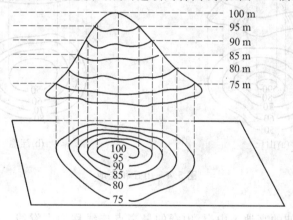

图 5.3　等高线示意图

②等高距和等高线平距。

相邻等高线之间的高差称为等高距,常以 h 表示。图 5.3 中的等高距为 5 m。在同一幅地形图上,等高距是相同的。

相邻等高线之间的水平距离称为等高线平距,常以 d 表示。等高线平距 d 的大小直接与地面坡度有关。等高线平距越小,地面坡度就越大;等高线平距越大,则坡度越小。同时还可以看出:等高距越小,显示地貌就越详细;等高距越大,显示地貌就越简略。但是,当等高距过小时,图上的等高线密集,将会影响图面的清晰。因此,在测绘地形图时,等高距的大小是根据测图比例尺与测区地形情况来确定的(表 5.2)。

表 5.2　大比例尺地形图基本等高距(m)

地貌类别	比例尺			
	1:500	1:1 000	1:2 000	1:5 000
平坦地	0.5	0.5	1	2
丘陵地	0.5	1	2	5
山地	1	1	2	5
高山地	1	2	2	5

技术点睛

地貌形态的类别划分根据地面坡度大小确定：

平坦地：2°以下；丘陵地：2°～6°；山地：6°～25°；高山地：25°以上。

③几种典型地貌的表示方法。

了解和熟悉典型地貌的等高线特征，对于提高识读、应用和测绘地形图的能力很有帮助。

a.山丘和洼地。

山丘的等高线特征如图 5.4(a) 所示，洼地的等高线特征如图 5.4(b) 所示。山丘与洼地的等高线都是一组闭合曲线，但它们的高程注记不同。内圈等高线的高程注记大于外圈者为山丘；反之，小于外圈者为洼地。也可以用示坡线表示山丘或洼地。示坡线是垂直于等高线的短线，用以指示坡度下降的方向。

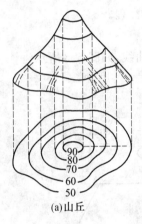
(a)山丘

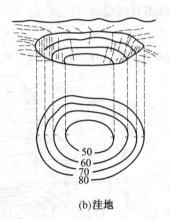
(b)洼地

图 5.4　山丘和洼地

b.山脊和山谷。

从山顶向某个方向延伸的高地为山脊，山脊的最高点连线称为山脊线。其等高线特征表现为一组凸向低处的曲线，如图 5.5 所示。

相邻山脊之间的凹部为山谷，山谷中最低点的连线称为山谷线。其等高线特征表现为一组凸向高处的曲线，如图 5.6 所示。

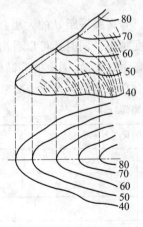

图 5.5　山脊

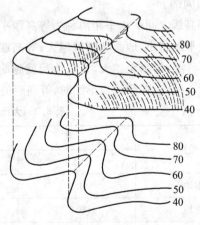

图 5.6　山谷

c.鞍部。

鞍部是相邻两山头之间呈马鞍形的低凹部位。其等高线特征是在一圈大的闭合曲线内,套有两组小的闭合曲线,如图 5.7 中的 S。

d.陡崖和悬崖。

坡度在 70°以上或为 90°的陡峭崖壁,采用陡崖符号来表示,如图 5.8(a)、(b)所示。

悬崖是上部突出,下部凹进的陡崖。上部的等高线投影到水平面时,与下部的等高线相交,下部凹进的等高线用虚线表示,如图 5.8(c)所示。

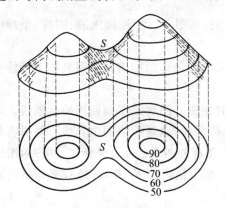

图 5.7 鞍部

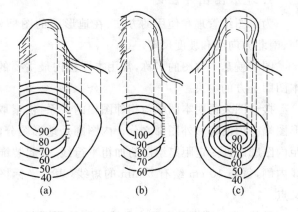

图 5.8 陡崖和悬崖

④等高线的分类。

a.首曲线。在同一幅地形图上,按基本等高距描绘的等高线。用 0.15 mm 的细实线绘出,如图 5.9 中 98 m、102 m、104 m、106 m、108 m 的等高线。

b.计曲线。为了计算和用图的方便,每隔四条基本等高线加粗描绘的等高线。用 0.3 mm 的粗实线绘出,如图 5.9 中 100 m 等高线。

c.间曲线。为了显示首曲线不便于表示的地貌,按 1/2 基本等高距描绘的等高线。用 0.15 mm 的细长虚线表示,描绘时可不闭合,如图 5.9 中高程为 101 m、107 m 的等高线。

d.助曲线。有时为了显示局部地貌的变化,按 1/4 基本等高距描绘的等高线。用 0.15 mm 的细短虚线表示,描绘时可不闭合。

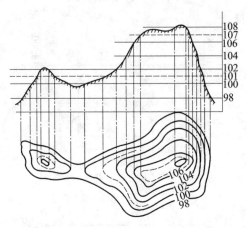

图 5.9 等高线的类别示意图

⑤等高线的特性。

a.同一条等高线上各点的高程相等。

b.等高线是闭合曲线,不能中断,如果不在同一幅图内闭合,则必定在相邻的其他图幅内闭合。

c.等高线只有在绝壁或悬崖处才会重合或相交。

d.等高线经过山脊或山谷时改变方向,因此山脊线与山谷线应和改变方向处的等高线的切线垂直相交。

4.地形图图外注记

为了图纸管理和使用的方便,在地形图的图框外有许多注记,如图名、图号、接图表、图廓、坐标格网、南北方向线和坡度尺等。

图名就是本幅图的名称,常用本图幅内最主要的地名来命名。图号即图的编号。图名和图号标在本图廓上方的中央。

接合图表说明本图幅与相邻图幅的关系,供索取相邻图幅时使用。图廓是图幅四周的范围线。矩形图幅有内图廓和外图廓之分。内图廓是地形图分幅时的坐标格网线,也是图幅的边界线。外图廓是距内图廓以外一定距离绘制的加粗平行线,仅起装饰作用。在内图廓外四角处注有坐标值,并在内图廓线内侧,每隔 10 cm 绘有 5 mm 的短线,表示坐标格网线位置。在图幅内每隔 10 cm 绘有坐标格网交叉点。

另外,在地形图的左下方还应标明地形图所采用的坐标系统、高程系统、测绘时间等。

5.1.2　大比例尺地形图的应用

1.大比例尺地形图的基本应用

(1)点位平面坐标的量测

如图 5.10 所示,欲求图上 A 点的坐标,首先根据图上坐标注记和 A 点的图上位置,绘出坐标方格 abcd,其西南角 a 点的坐标为 (x_a, y_a),过 A 点作坐标方格的平行线,再量出 ag 和 ae 的长度,则 A 点的坐标为

$$\begin{cases} x_A = x_a + ag \times M \\ y_A = y_a + ae \times M \end{cases} \tag{5.2}$$

式中　M——地形图比例尺分母。

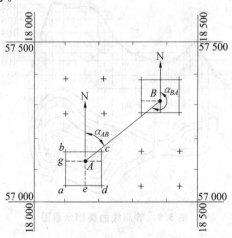

图 5.10　地形图应用的基本内容示意图

（2）两点间水平距离的量测

①图解法。

如图 5.10 所示，欲求 A、B 两点间的距离，可以直接用直尺量取 A、B 两点间的图上长度 d_{AB}，再根据比例尺计算两点间的距离 D_{AB}。即

$$D_{AB} = d_{AB} \times M \qquad (5.3)$$

也可以用卡规在图上直接卡出线段长度，再与图示比例尺比量，得出图上两点间的水平距离。

②解析法。

如图 5.10 所示，先按式（5.2）求出 A、B 两点的坐标值，然后按下式计算出两点间的距离：

$$D_{AB} = \sqrt{(x_B - x_A)^2 + (y_B - y_A)^2} = \sqrt{\Delta x_{AB}{}^2 + \Delta y_{AB}{}^2} \qquad (5.4)$$

一般来说，解析法求距离的精度高于图解法的精度，但图解法方便、直接，若地形图上绘有图示比例尺时，用图解法量取两点间的距离，既方便，又能保证精度。

（3）直线坐标方位角的量测

①图解法。

如图 5.10 所示，过 A、B 两点分别作坐标纵轴的平行线，然后用测量专用量角器量出 α_{AB} 和 α_{BA}，取其平均值作为最后结果，即

$$\bar{\alpha}_{AB} = \frac{1}{2} \left[\alpha_{AB} + (\alpha_{BA} \pm 180°) \right] \qquad (5.5)$$

这种方法受量角器最小分划的限制，精度不高，但比较方便。

②解析法。

如图 5.10 所示，先求出 A、B 两点的坐标值，然后按下式计算 AB 直线的方位角 α_{AB}：

$$\alpha_{AB} = \arctan \frac{\Delta y_{AB}}{\Delta x_{AB}} = \arctan \frac{y_B - y_A}{x_B - x_A} \qquad (5.6)$$

由于坐标量算的精度比角度量测的精度高，因此解析法获得的方位角比图解法的精度高。

（4）点位高程的确定

如图 5.11 所示，如果某点 A 正好处在等高线上，则 A 点高程与该等高线的高程相同，即 $H_A = 38$ m。若某点 B 不在等高线上，而位于 42 m 和 44 m 两根等高线之间，则应根据比例内插法确定该点的高程，这时可通过 B 点作一条大致垂直于相邻两等高线的线段 mn，量取 mn 和 nB 的长度，按下式计算 B 点的高程

$$H_B = H_n + \frac{nB}{mn} \times h \qquad (5.7)$$

式中　h——等高距（单位为 m）；

　　　　H_n——n 点的高程。

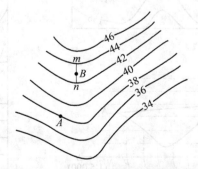

图 5.11　地形图上点位高程的确定

(5)直线坡度的确定

如图 5.11 所示,若求 A、B 两点间的坡度,必须先用式(5.7)求出两点的高程,则 AB 直线的平均坡度为

$$i = \frac{h_{AB}}{D_{AB}} = \frac{H_B - H_A}{D_{AB}} \tag{5.8}$$

式中　h_{AB}——A、B 两点间的高差;

　　　D_{AB}——A、B 两点间的实际水平距离。

坡度 i 通常用百分率(%)或千分率(‰)表示。

2.工程建设中的地形图应用

(1)按一定方向绘制纵断面图

在道路、管道等工程设计中,为进行填挖土(石)方量的概算或合理地确定线路的纵坡等,均需较详细地了解沿线方向上的地面起伏情况,为此常根据大比例尺地形图的等高线绘制沿线方向的断面图。

如图 5.12(a)所示,若要绘制 MN 方向的断面图,具体步骤如下:

①在图纸上绘制一直角坐标,横轴表示水平距离,纵轴表示高程。水平距离的比例尺与地形图的比例尺一致。为了明显地反映地面的起伏情况,高程比例尺一般为水平距离比例尺的 $10\sim20$ 倍,如图 5.12(b)所示。

②在纵轴上标注高程,在横轴上适当位置标出 M 点。将直线 MN 与各等高线的交点 $a,b,\cdots,p$ 以及 N 点,按其与 M 点之间的距离转绘在横轴上。

③根据横轴上各点相应的地面高程,在坐标系中标出相应的点位。

④把相邻的点用光滑的曲线连接起来,便得到地面直线 MN 的断面图,如图 5.12(b)所示。

(2)按限制坡度选择最短线路

在道路、管线等工程规划设计中,均有指定的坡度要求。

在地形图上选线时,先按规定坡度找出一条最短路线,然后综合考虑其他因素,获得最佳设计路线。

如图 5.13 所示,欲在 A 和 B 两点间选定一条坡度不超过 i 的线路,设图上等高距为 h,地形图的比例尺为 $1:M$,由下式可得线路通过相邻两条等高线的最短距离为

$$d = \frac{h}{i \times M} \tag{5.9}$$

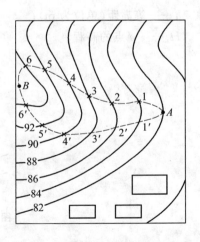

图 5.12　按一定方向绘制纵断面图　　　　图 5.13　按限定坡度选择最短路线

在图上选线时,以 A 点为圆心,以 d 为半径画弧,交 84 m 等高线于 1 点,再以 1 点为圆心,以 d 为半径画弧,交 86 m 等高线于 2 点,依次画弧直至 B 点。将这些相邻的交点依次连接起来,便可获得同坡度线 $A,1,2,\cdots,B$。为进行方案比较,在图上尚可沿另一方向定出第二条路线 $A,1',2',\cdots,B$。最后通过实地调查比较,综合考虑各种因素对工程的影响,如少占耕地,避开不良地质,土石方工程量小,工程费用最少等进行修改,从而选定一条最合理的路线。

(3)确定汇水范围

在设计桥梁、涵洞和排水管道等工程时,需要知道有多大面积的雨水汇聚到这里,这个面积叫汇水面积。确定汇水面积首先要确定汇水面积的边界线,即汇水范围。汇水范围的确定,是在地形图上自选定的断面起,沿山脊线或其他分水线而求得。如图 5.14 所示,线路在 m 处要修建桥梁或涵洞,其孔径大小应根据流经该处的水量决定,而水量与山谷的汇水面积有关。由图 5.14 看出,公路 ab 断面与该山谷相邻的山脊线 bc、cd、de、ef、fg、ga 所围成的面积,就是该山谷的汇水面积,由山脊线 $bcdefga$ 所围成的闭合图形就是汇水范围的边界线。

(4)估算土石方量

在工程中,通常要对拟建地区的原地形作必要的改造,使改造后的地形适于布置和修建各类建筑物,并便于排泄地面水,满足交通运输和敷设地下管道的要求。为了使土(石)方工程合理,常要利用地形图来确定填、挖边界线和进行填、挖土(石)方量的概算。

图 5.15 为 1∶1 000 地形图,拟在图上将原地面平整成某一高程的水平面,使填、挖土(石)方量基本平衡。其步骤如下:

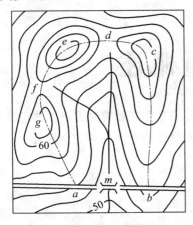

图 5.14　汇水范围的确定

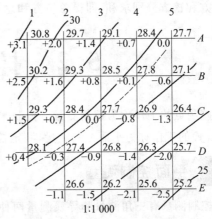

图 5.15　估算土石方量示意图

①绘制方格网。

在地形图上拟建场地内绘制方格网,方格的大小根据地形复杂程度、地形图比例尺以及要求的精度而选定。方格的方向尽量与边界方向、主要建筑物方向或施工坐标方向一致。一般取方格的实地边长为 10 m 或 20 m。各方格顶点按行 $(A,B,C,\cdots)$、列 $(1,2,3,\cdots)$ 编号。

②求各方格网点地面高。

根据等高线高程,用目估内插法求出各方格点的地面高程,并注于方格点的右上方。

③计算设计高程。

先将每一方格顶点的高程加起来除以 4,得到各方格的平均高程,再把每个方格的平均高程相加除以方格总数,就得到设计高程 $H_{设}$。

从图 5.15 可以看出:方格网的角点 A_1、A_5、E_5、E_2、D_1 的高程只用了一次,边点 A_2、A_3、A_4、B_1、C_1 等的高程用了两次,拐点 D_2 的高程用了三次,中点 B_2、B_3、B_4、C_2 等的高程用了四次,因此,设计高程的计算公式为

$$H_设 = \frac{\sum H_角 + 2\sum H_边 + 3\sum H_拐 + 4\sum H_中}{4n}$$ (5.10)

④确定填挖边界线。

在地形图上根据等高线,用目估内插法定出设计高程的高程点,即填挖边界点,叫零点。连接相邻零点的曲线(图 5.15 中虚线)即为填挖边界线。零点和填挖边界线是计算土方量和施工的依据。

⑤计算方格点填、挖高度。

各方格点地面高程与设计高程之差,即为该点填、挖高度。

填、挖高度＝地面高程－设计高程 (5.11)

并注于相应方格点的左上角,"＋"为挖深,"－"为填高。

⑥计算填、挖土石方量填、挖土(石)方量可按角点、边点、拐点和中点分别按下式计算:

角点:　　　　　　　　填(挖)高度×$\frac{1}{4}$方格面积

边点:　　　　　　　　填(挖)高度×$\frac{2}{4}$方格面积

拐点:　　　　　　　　填(挖)高度×$\frac{3}{4}$方格面积

中点:　　　　　　　　填(挖)高度×$\frac{4}{4}$方格面积

将填方和挖方分别求和,即得总填方和总挖方。

5.2　控制测量概述

测定控制点的工作称为控制测量。控制测量分为平面控制测量和高程控制测量。测定控制点的平面位置(x,y)的工作称为平面控制测量,测定控制点的高程(H)的工作称为高程控制测量。

5.2.1　平面控制测量

平面控制测量有三角测量和导线测量两种方法。

三角测量是在地面上选择一系列具有控制作用的点,组成互相连接的三角形且扩展成网状,称为三角网。在全国范围内建立的三角网,称为国家平面控制网。按控制次序和施测精度分为四个等级,即一、二、三、四等。布设原则是低级点受高级点逐级控制,如图 5.16 所示。用三角测量方法确定的平面控制点,称为三角点。在控制点上,用精密仪器将三角形的三个内角测定出来,并测定其中一条边长,然后根据三角公式解算出各点的坐标。

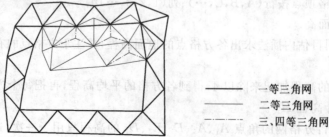

一等三角网

二等三角网

三、四等三角网

图 5.16　三角控制网

导线测量是在地面上选择一系列控制点,将相邻点连成直线而构成折线形,称为导线网,如图 5.17 所示。导线测量分为四个等级,即一、二、三、四等。用导线测量方法确定的平面控制点,称为导线点。在控制点上,用精密仪器依次测定所有折线的边长和转折角,根据解析几何的知识解算出各点的坐标。

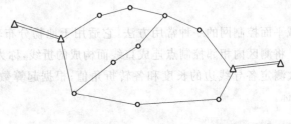

图 5.17　导线控制网

5.2.2　高程控制测量

国家高程控制网的建立主要采用水准测量的方法,按其精度分为一、二、三、四、五等。如图 5.18 所示是国家水准网布设示意图。一等水准网是国家最高级的高程控制网,它除用作扩展低等级高程控制的基础之外,还为科学研究提供依据;二等水准网为一等水准网的加密,是国家高程控制的全面基础;三、四等水准网是在二等水准网的基础上的进一步加密,直接为各种测区提供必要的高程控制;五等水准点又可视为图根水准点,它直接用于工程测量中,其精度要求最低。

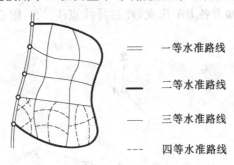

————　一等水准路线

——　二等水准路线

——　三等水准路线

- - -　四等水准路线

图 5.18　高程控制网

5.2.3　小区域控制测量

小区域控制测量是在面积为 15 km² 以内的小地区范围内,为大比例尺测图建立测图控制网和为工程建设建立工程控制网以测定控制点的工作。建立小地区控制网时,应尽量与国家(或城市)已建立的高级控制网连测,将高级控制点的坐标和高程,作为小地区控制网的起算和校核数据。如果周围没有国家(或城市)控制点,或附近有国家控制点而不便连测时,可以建立独立控制网。

直接供地形测图使用的控制点,称为图根控制点,简称图根点。测定图根点位置的工作,称为图根控制测量。图根控制点的密度(包括高级控制点),取决于测图比例尺和地形的复杂程度。平坦开阔地区图根点的密度一般不低于表 5.3 的规定;地形复杂地区、城市建筑密集区和山区,可适当加大图根点的密度。

表 5.3　图根点的密度

测图比例尺	1 : 500	1 : 1 000	1 : 2 000	1 : 5 000
图根点密度/(点·km⁻²)	150	50	15	5

以下重点介绍导线平面控制测量与三、四等高程控制测量。

5.3　导线测量

导线测量是建立小区域平面控制网的一种常用方法,它适用于地物分布较复杂的建筑区和视线障碍较多的隐蔽区和带状区。将测区内相邻控制点连成直线而构成的折线,称为导线。这些控制点,称为导线点。导线测量就是依次测定各导线边的长度和各转折角值;根据起算数据,推算各边的坐标方位角,从而求出各导线点的坐标。

5.3.1　导线测量布设形式

根据测区的地形条件和已知高级控制点的分布情况,导线可布设成以下 3 种形式。

1. 闭合导线

闭合导线是从一已知点出发,经若干个待定点后回到原点的导线。如图 5.19 所示,导线从一高级点 B 和已知方向 BA 出发,经过导线点 1、2、3、4,最后回到起点 B,形成一闭合多边形。

2. 附合导线

附合导线是从一已知点和已知方向出发,经若干个待定点后到达另一已知点的导线。如图 5.20 所示,导线从一高级控制点 B 和已知方各 BA 出发,经过导线点 1、2、3,附合到另一高级控制点 C 和已知方向 CD 上。

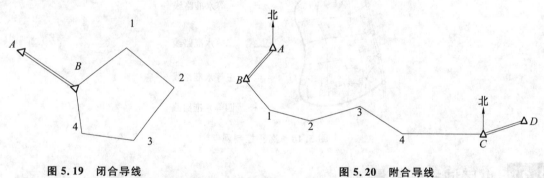

图 5.19　闭合导线　　　　　　　　　　　　　　图 5.20　附合导线

3. 支导线

支导线是从一已知点和一已知方向出发,经若干个待定点后,既不回到原出发点,又不附合到另一已知点上的导线。如图 5.21 所示,导线从一高级控制和已知方向 BA 出发,经过导线点 1、2、3。

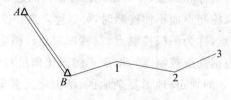

图 5.21　支导线

5.3.2　导线测量外业工作

各等级导线测量的主要技术要求,应符合表5.4的规定。

表5.4　导线测量的主要技术参数

等级	导线长度/km	平均边长/km	测角中误差/(")	测距中误差/mm	测距相对中误差	测回数			方位角闭合差/(")	导线全长相对闭合差
						1"级仪器	2"级仪器	6"级仪器		
三等	14	3	1.8	20	1/150 000	6	10	—	$3.6\sqrt{n}$	≤1/55 000
四等	9	1.5	2.5	18	1/80 000	4	6	—	$5\sqrt{n}$	≤1/35 000
一级	4	0.5	5	15	1/30 000	—	2	4	$10\sqrt{n}$	≤1/15 000
二级	2.4	0.25	8	15	1/14 000	—	1	3	$16\sqrt{n}$	≤1/10 000
三级	1.2	0.1	12	15	1/7 000	—	1	2	$24\sqrt{n}$	≤1/5 000

注:①表中 n 为测站数;

②当测区测图的最大比例尺为1:1 000时,一、二、三级导线的平均边长及总长可适当放长,但最大长度不应大于表中规定长度的2倍;

③测角的1"、2"、6"级仪器分别包括全站仪、电子经纬仪和光学经纬仪,在本规范的后续引用中均采用此形式。

1.踏勘选点及建立标志

选点前,应收集测区已有的地形图和高一级控制点的成果资料,然后到野外去踏勘,实地核对、修改、落实点位和建立标志。实地选点时,控制点位选定应符合下列要求:

①相邻点之间应通视良好,其视线距障碍物的距离,宜保证便于观测。

②点位应选在土质坚实,视野开阔处,以便于保存点的标志和安置仪器,同时也便于碎部测量和施工放样。

③导线各边的长度应大致相等,其平均边长符合技术规定。

④导线点应有足够的密度,分布均匀,便于控制整个测区。

导线点选定后,要在每一点位上打一木桩,其周围浇灌一圈混凝土,桩顶钉一小钉,作为临时性标志(图5.22);若导线点需要保存的时间较长,就要埋设混凝土桩或石桩,作为永久性标志(图5.23)。为了便于寻找,应量出导线点与附近固定而明显的地物点的距离,绘一草图,注明尺寸,称为点之记,如图5.24所示。

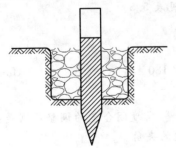

图5.22　临时性标志

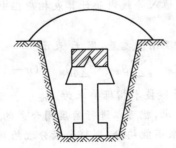

图5.23　永久性标志

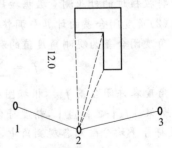

图5.24　点之记

2.导线转折角测量

通常采用测回法观测导线之间的转折角,若转折角位于导线前进方向的左侧则称为左角;位于导线前进方向的右侧则称为右角。一般在附合导线中,测量导线左角,在闭合导线中均测内角。

3.导线边长测量

导线边长可用光电测距仪测定,其主要技术要求见规范;若用钢尺丈量,其主要技术要求见规范。

4.导线与高级控制点连测

导线与高级控制点连接,必须观测连接角,如图 5.25 中 β,如果附近无高级控制点,则应用罗盘仪施测导线起始边的磁方位角,并假定起始点的坐标作为起算数据。

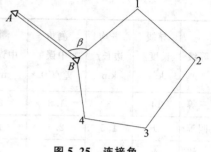

图 5.25　连接角

5.3.3　导线测量内业工作

导线测量内业工作的目的就是根据已知的起始数据和外业的观测成果计算出导线点的坐标。计算之前,应检查导线测量外业记录,数据是否齐全,有无记错、算错,成果是否符合精度要求,起算数据是否准确。然后绘制导线略图,把各项数据注于图上相应位置。

【案例实解】

闭合导线坐标计算。

如图 5.26 所示,A、B 为控制点,已知坐标值为 $x_A = 0.000$ m,$y_A = 0.000$ m,$\alpha_{AB} = 354°13'51''$,计算导线点 1、2、3、4 的坐标。

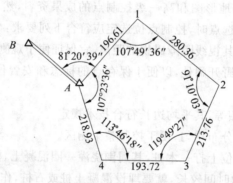

图 5.26　闭合导线

（1）准备工作

将校核过的外业测量数据按规定填入导线内业计算表相应栏中,见表 5.5。

（2）角度闭合差的计算与调整

角度闭合差为观测角度值的和与理论值之差,用 f_β 表示。

$$f_\beta = \sum \beta_{测} - \sum \beta_{理} = \sum \beta_{测} - (n-2) \times 180° \qquad (5.12)$$

角度容许闭合差 $f_{\beta容}$,根据图根导线技术指标要求为 $f_{\beta容} = \pm 60'' \sqrt{n}$。

如果 $|f_h| < |f_{h容}|$,精度符合要求,就可以进行角度闭合差的调整,角度闭合差的调整原则是:将 f_β 反符号平均分配到各观测角中,如果不能均分,则将余数分配给短边的夹角。

$$v_i = -\frac{f_\beta}{n} \qquad (5.13)$$

计算改正后角值:

$$\beta_{改} = \beta_{测} + v_i = \beta_{测} - \frac{f_\beta}{n} \qquad (5.14)$$

计算检核 $\sum v = -f_\beta$ ，调整后的内角和应等于理论值。

（3）各边坐标方位角的推算

根据起始边的已知坐标方位角及调整后的各内角值，按公式计算各边坐标方位角。计算检核，推算出的已知边的坐标方位角应与已知给定的方位角数值相等。

（4）坐标增量的计算与调整

坐标增量为

$$\left.\begin{array}{l} \Delta x = D\cos \alpha \\ \Delta y = D\sin \alpha \end{array}\right\} \tag{5.15}$$

表 5.5　闭合导线坐标计算表

点号	观测角	改正角	坐标方位角	距离/m	增量计算值		改正后增量		坐标	
					Δx/m	Δy/m	Δx/m	Δy/m	x/m	y/m
A			75°34′30″	196.61	+0.01 48.99	+0.00 190.41	49.00	190.41	0.000	0.000
1	+12″ 107°49′36″	107°49′48″	147°44′42″	280.36	+0.01 −237.10	+0.01 149.62	−237.09	149.63	49.00	190.41
2	+12″ 91°10′03″	91°10′15″	236°34′27″	213.76	+0.01 −117.75	+0.00 −178.40	−117.74	−178.40	−188.09	340.04
3	+12″ 119°49′27″	119°49′39″	296°44′48″	193.72	+0.00 87.18	+0.00 −172.99	87.18	−172.99	−305.83	161.64
4	+12″ 113°46′18″	113°46′30″	2°58′18″	218.93	+0.01 218.64	+0.00 11.35	218.65	11.35	−218.65	−11.35
A	+12″ 107°23′36″	107°23′48″	75°34′30″						0.000	0.000
1										
$\sum$	539°59′00″	540°00′00″		1 103.58	−0.04	−0.01	0	0		

辅助计算	$f_\beta = \sum \beta_测 - \sum \beta_理 = 539°59′00″ - 540° = -0°01′00″$
	$f_{\beta容} = \pm 60″\sqrt{n} = \pm 2′14″$
	$f_x = \sum \Delta x_测 - \sum \Delta x_理 = -0.04$ m，　$f_y = \sum \Delta y_测 - \sum \Delta y_理 = -0.01$ m
	$f_D = \sqrt{f_x^2 + f_y^2} = 0.04$，　$K_D = f_D / \sum D = 1/27\ 590$

坐标增量闭合差：

$$\left.\begin{array}{l} f_x = \sum \Delta x \\ f_y = \sum \Delta y \end{array}\right\} \tag{5.16}$$

导线全长闭合差：

$$f_D = \sqrt{f_x^2 + f_y^2} \tag{5.17}$$

相对误差：

$$K = \frac{f_D}{\sum D} = \frac{1}{\sum D / f_D} \tag{5.18}$$

根据图根导线技术指标要求若精度符合要求，可以调整坐标增量闭合差，调整的原则为反其符号按边长成正比分配到各边的纵、横坐标增量中去。

$$
\left.\begin{array}{l}
v_{xi} = -\dfrac{f_x}{\sum D} \times D_i \\[3mm]
v_{yi} = -\dfrac{f_y}{\sum D} \times D_i
\end{array}\right\} \tag{5.19}
$$

计算检核：

$$
\left.\begin{array}{l}
\sum v_x = -f_x \\[2mm]
\sum v_y = -f_y
\end{array}\right\} \tag{5.20}
$$

改正后坐标增量计算：

$$
\left.\begin{array}{l}
\Delta x_{i\text{改}} = \Delta x_i + v_{xi} \\[2mm]
\Delta y_{i\text{改}} = \Delta y_i + v_{yi}
\end{array}\right\} \tag{5.21}
$$

（5）计算各导线点的坐标

根据导线起点的坐标及改正后的坐标增量，依次推算出导线各点坐标：

$$
\left.\begin{array}{l}
x_i = x_{i-1} + \Delta x_{i-1,\,i\text{改}} \\[2mm]
y_i = y_{i-1} + \Delta y_{i-1,\,i\text{改}}
\end{array}\right\} \tag{5.22}
$$

计算检核，推算得到的已知点坐标，其值应与原有数值相等。

5.3.4　全站仪坐标测量

利用全站仪进行坐标测量在测站及其后视方位角设置完成后便可测定目标点的三维坐标。

1.输入测站数据

①先量取仪器高和目标高。

②进入测量模式选取[坐标]键进入坐标测量屏幕。

③选取[测站]键进入[测站定向]。

④选取[测站坐标]，输入测站坐标、点名、仪器高和代码数据；输入用户名并选择天气和风的设置；输入当前的温度和气压。

⑤OK确认并"记录"存储输入的坐标值。

2.后视方位角设置

后视坐标方位角可以通过测站点坐标和后视点坐标反算得到。亦可通过设角，输入已知方向进行设置。具体操作步骤：

①在坐标测量屏幕下选取[测站]键然后选取[后视定向]。

②按[坐标]键，输入后视点的点名和坐标。

③OK确认输入的后视点数据。

④照准后视点按[YES]键设置并记录后视方位角。

3.三位坐标测量

①照准目标点上安置的棱镜。

②进入[坐标测量]界面。

③选取[测距]开始坐标测量，在屏幕上显示出所测目标点的坐标值。在测得距离有效值后，记录测量数据。

④照准下一目标点用同样的方法对所有目标点进行测量。

5.4 高程控制测量

小地区高程控制测量包括三、四等水准测量和三角高程测量。

5.4.1 三、四等水准测量

1. 三、四等水准测量的技术要求(表5.6、表5.7)

表5.6　三、四等水准测量技术指标

等级	水准仪型号	视线长度/m	前后视距差/m	前后视距累积差/m	视线高地面最低高度/m	基本分划、辅助分划(黑红面)读数差/mm	基本分划、辅助分划(黑红面)高差之差/mm
三	DS₁	100	3	6	0.3	1.0	1.5
	DS₃	75				2.0	3.0
四	DS₃	100	5	10	0.2	3.0	5.0

表5.7　三、四等水准测量技术指标

等级	水准仪型号	水准尺	线路长度/km	观测次数		每千米高差中误差/mm	往返较差、附合或环线闭合差	
				与已知点连测	附合或环线		平地/mm	山地/mm
三	DS₁	因瓦	≤50	往返各一次	往一次	6	$12\sqrt{L}$	$4\sqrt{n}$
	DS₂	双面						
四	DS₃	双面	≤16	往返各一次	往返各一次	10	$20\sqrt{L}$	$6\sqrt{n}$

注:L 为往返测段、附合或环线的水准路线长度(单位为 km);n 为测站数。

2. 三、四等水准测量的施测方法

依据使用的水准仪型号及水准尺类型方法有所不同。双面尺法在一个测站上的观测步骤:

①后视黑面尺:精平,读取下、上丝和中丝读数,记入表5.8中(1)、(2)、(3)。

②前视黑面尺:精平,读取下、上丝和中丝读数,记入表5.8中(4)、(5)、(6)。

③前视红面尺:精平,读取中丝读数,记入表5.8中(7)。

④后视红面尺:精平,读取中丝读数,记入表5.8中(8)。一个测站上的这种观测顺序简称为"后一前一前一后"(或称黑、黑、红、红)。四等水准测量也可采用"后一后一前一前"(黑、红、黑、红)的顺序。一个测站全部记录、计算与校核完成并合格后方可搬站,否则必须重测。

在每一测站,应进行以下计算与校核工作:

①视距计算。视距等于下丝读数与上丝读数的差乘以100。

表5.8　三、四等水准测量手簿

测站编号	点号	后尺 下丝/上丝　后距　视距差d	前尺 下丝/上丝　前距　$\sum d$	方向及尺号	标尺读数 黑面	标尺读数 红面	K+黑减红	高差中数	备注
		(1)	(4)	后 K_1	(3)	(8)	(14)		
		(2)	(5)	前 K_2	(6)	(7)	(13)		$K_1=4.687$
		(9)	(10)	后－前	(15)	(16)	(17)	(18)	$K_2=4.787$
		(11)	(12)						
1	BM15－TP1	1979	0738	后 K_1	1718	6405	0		
		1457	0214	前 K_2	0476	5265	－2		
		52.2	52.4	后－前	+1.242	+1.140	+2	1.2410	
		－0.2	－0.2						
2	TP1－TP2	2739	0965	后 K_2	2461	7247	+1		
		2183	0401	前 K_1	0683	5370	0		
		55.6	56.4	后－前	+1.778	+1.877	+1	1.7775	
		－0.8	－1.0						
3	TP2－TP3	1918	1870	后 K_1	1604	6291	0		
		1290	1226	前 K_2	1548	6336	－1		
		62.8	64.4	后－前	+0.056	－0.045	+1	0.0555	
		－1.6	－2.6						
4	TP3－TP4	1088	2388	后 K_2	0742	5528	+1		
		0396	1708	前 K_1	2048	6736	－1		
		69.2	68.0	后－前	－1.306	－1.208	+2	－1.3070	
		+1.2	－1.4						
检查计算	$\sum D_a = 239.8$　$\sum$后视 $= 31.996$　　$\sum h = +3.534$ $\sum D_b = 241.2$　$\sum$前视 $= 28.462$　　$\sum h_{平均} = +1.761$ $\sum d = -1.4$　$\sum$后视 $-\sum$前视 $= +3.534$　$2\sum h_{平均} = +3.534$ 注：如奇数测站 $2\sum h$ 平均应相差常数 0.100 m								

后视视距：(9)＝[(1)－(2)]×100

前视视距：(10)＝[(4)－(5)]×100

视距差等于后视视距与前视视距之差，即(11)＝(9)－(10)。

视距差累积为各测站视距差的代数和，即(12)＝上站(12)＋本站(11)。

②水准尺读数检核。同一水准尺的红、黑面中丝读数之差应等于红、黑面零点差 K（即 4 687 mm 或 4 787 mm）。检核算式为：(13)＝(6)＋$K_{前}$－(7)；(14)＝(3)＋$K_{后}$－(8)。

表中(13)、(14)对于三等水准测量不得大于 2 mm，对于四等水准测量不得大于 3 mm。

③高差计算与校核。

黑面高差：　　　　　　　　　　　　　$(15)=(3)-(6)$

红面高差：　　　　　　　　　　　　　$(16)=(8)-(7)$

黑、红面高差之差：　　　　　　　　　$(17)=(15)-[(16)\pm0.1\text{ m}]$

其不符值(17)对于三等水准测量不得超过 3 mm，对于四等水准测量不得超过 5 mm。

计算校核：　　　　　　　　　　　　　$(17)=(14)-(13)$

测站平均高差：　　　　　　　　　　　$(18)=1/2[(15)+(16)\pm0.1\text{ m}]$

④每页测量记录的计算检核。为了检核计算的正确性，需要对每页记录进行以下计算检核：

视距部分：
$$\sum(9)-\sum(10)=本页末站(12)-前页末站(12)$$

高差部分：
$$\sum(15)=\sum(3)-\sum(6);\sum(16)=\sum(8)-\sum(7)$$

测站数为偶数：
$$\sum(18)=1/2\left[\sum(15)+\sum(16)\right]$$

测站数为奇数：
$$\sum(18)\pm0.1\ m=1/2\left[\sum(15)+\sum(16)\right]$$

3.成果计算

三、四等水准测量的观测成果的计算与前面等外水准测量介绍的方法相同。

5.4.2　三角高程测量

在山地测定控制点的高程，若采用水准测量速度慢而且困难大，故可采用三角高程测量的方法。常见的三角高程测量的方法有：电磁波测距三角高程测量和视距三角高程测量。电磁波测距三角高程测量适用于三、四等和图根高程网。视距高程三角测量一般适用于图根高程网。

1.三角高程测量的主要技术要求（表 5.9）

表 5.9　电磁波测距三角高程测量的主要技术要求

等级	每千米高差全中误差/mm	边长/km	观测次数	对向观测高差较差/mm	附合或环形闭合差/mm
四等	10	≤1	对向观测	$40\sqrt{D}$	$20\sqrt{\sum D}$
五等	15	≤1	对向观测	$60\sqrt{D}$	$30\sqrt{\sum D}$

注：①D 为电磁波测距边长度(km)；

②起讫点的精度等级，四等应起讫于不低于三等水准的高程点上，五等应起讫于不低于四等的高程点上；

③线路长度不应超过相应等级水准路线的总长度。

2.三角高程测量的原理

三角高程测量是根据两点间的水平距离和竖直角计算两点的高差。如图 5.27 所示，已知 A 点高程 H_A，欲测定 B 点高程 H_B，可在 A 点安置经纬仪，在 B 点竖立标杆，用望远镜中丝瞄准标杆的顶点 M，测得竖直角 α，量出标杆高 v 及仪器高 i，再根据 AB 之平距 D，则可算出 AB 之高差为

$$h_{AB}=D_{AB}\tan\alpha+i-v \tag{5.23}$$

B 点的高程为

$$H_B=H_A+h_{AB}=H_A+D\tan\alpha+i-v \tag{5.24}$$

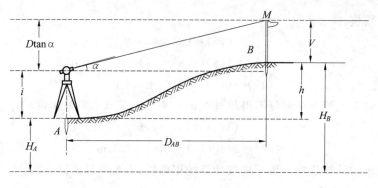

图 5.27　三角高程测量

3.三角高程测量外业工作

①安置仪器于测站,量仪器高 i 和标杆(觇牌)高 v。注意仪器高和标杆高都要丈量两次,读至 5 mm,两次校差不大于 1 cm,取平均值。

②用经纬仪中横丝瞄准目标,将竖盘水准管气泡居中,读取竖盘读数,盘左、盘右观测为一测回。

③距离测量。光电测距三角高程测量应满足平面控制测量中对光电测距要求。视距三角高程测量一般只用于图根高程控制网上的图解支点,故其往返距离校差要求小于 1/200。三角高程测量,一般应进行往返观测,即由 A 点向 B 点观测(称为直觇),又由 B 点向 A 点观测(称为反觇),这样的观测,称为对向观测或称双向观测。

4.三角高程测量内业工作

高差闭合差的计算方法与水准测量方法相同。若闭合差在允许范围内,按与边长成正比的原则,将闭合差反符号分配于各高差之中,然后用改正后的高差计算各点的高程。

5.5　GPS 控制测量简介

GPS 即全球卫星定位系统,是美国国防部于 1973 年 12 月正式批准陆、海、空三军共同研制的第二代卫星导航定位系统。该系统可提供一天 24 小时全球定位服务,能为用户提供高精度的七维信息(三维位置、三维速度、一维时间)。GPS 的建成是导航与定位史上的一项重大成就,是继美国"阿波罗"登月飞船、航天飞机后的第三大航天工程。目前,GPS 被广泛应用于地球动力学的研究、测绘、导航、军事、天气预报等领域。

全球卫星定位系统(GPS)是由空间星座部分、地面监控部分和用户设备部分等三大部分组成。三者都有各自独立的功能和作用,但却又是一个有机结合的整体系统。

1.空间星座部分

全球卫星定位系统的空间星座部分由 24 颗卫星组成,其中包括 21 颗工作卫星和 3 颗在轨备用卫星。卫星分布在 6 个近圆形轨道面内,每个轨道面上有 4 颗卫星。卫星轨道相对地球赤道面的倾角为 55°,各轨道平面交点的赤经相差 60°。同一轨道上两卫星之间的升交角距相差 90°。轨道平均高度为 20 200 km,卫星运行周期为 11 小时 58 分。卫星的这种布设方式,保证同时在地平线以上的卫星数目最少为 4 颗,最多达 11 颗,加之卫星信号的传播和接受不受天气的影响,因此 GPS 是一种全天候、全球性的连续实时定位系统。

在全球定位系统中,GPS 卫星的主要功能是:接受、存储和处理地面监控系统发来的导航信息及其他在轨卫星的概略位置；接受并执行地面监控系统发送的控制指令，如调整卫星姿态和启用备用时钟、备用卫星等。

2. 地面监控部分

GPS 的地面监控系统主要由分布在全球的五个地面站组成，按其功能分为主控站(MCS)、注入站(GA)和检测站(MS)。

主控站，一个设在美国科罗拉多的联合空间执行中心(CSOS)。主要负责协调和管理所有地面监控系统的工作，具体任务有：根据所有地面监测站的资料推算编制各卫星的星历、卫星钟差和大气层的修正参数等，并把这些数据和导航电文传到注入站；提供全球定位系统的时间基准；调整卫星状态和启用备用卫星等。(图 5.28)

注入站又称地面天线站，其主要任务是通过一台直径为 3.6 m 的天线，将来自主控制站的卫星星历、钟差、导航电文和其他控制指令注入相应卫星的存储系统，并检测注入信息的正确性。注入站现有 3 个，分别设在印度洋、南太平洋和南大西洋的美军基地上。

图 5.28　地面控制站

上述 4 个地面站均具有监测站功能，除此之外还在夏威夷设有一个监测站，所以监测站共有 5 个。监测站的主要任务是连续观测和接受所有 GPS 卫星发出的信号并监测卫星的工作状态，将采集到的数据连同当地的气象观测资料和时间信息经初步处理后传送到主控站。

整个系统除主控站外均由计算机自动控制，不需人工操作。各地面站间由现代化通信系统联系，实现了高度的自动化和标准化。

3. 用户设备部分

全球定位系统的用户设备部分包括 GPS 接收机硬件、数据接收软件和微处理机及其终端设备等。

GPS 信号接收机是用户设备部分的核心，一般由主机、天线和电源三部分组成，其主要功能是跟踪接收 GPS 卫星发射的信号，并进行变换、放大处理，以便测量出 GPS 信号从卫星到接收机天线的传播时间；解译导航电文，实时地计算出测站的三维位置，甚至三维速度和时间。

GPS 接收机根据用途可分为导航型、大地型和授时型三类。根据接收的卫星信号频率，又分为单频(L1)和双频(L1、L2)接收机。在精密定位测量中，一般采用大地型单频或双频接收机。单频接收机适用于 10 km 以内的定位工作，其相对定位精度能达到 5 mm$+10^{-6} \times D$(D 为基线长度)。双频接收机可以同时接收到卫星发送的两种频率的载波信号，可以进行大尺度的定位工作，其相对定位精度优于单频机，但内部构造复杂，价格较昂贵。(图 5.29)

(a)美国天宝 GPS 接收机   (b)国产苏－光 SGS828

图 5.29　接收机

不论哪一种 GPS 定位,其观测数据必须进行后期处理,因此供应商都开发了功能完善的专用后期处理软件,用来解算测站点的三维坐标。

一、选择题

1.地形图的比例尺是 1∶500,则地形图上 1 mm 表示地面的实际的距离为(　　　)。

A.0.05 m   B.0.5 m   C.5 m   D.50 m

2.下列各种比例尺的地形图中,比例尺最大的是(　　　)。

A.1∶5 000   B.1∶2 000   C.1∶1 000   D.1∶500

3.比例尺为 1∶2 000 的地形图的比例尺精度是(　　　)。

A.2 m   B.0.002 m   C.0.02 m   D.0.2 m

4.等高距是两相邻等高线之间的(　　　)。

A.高程之差   B.平距   C.间距   D.差距

5.一组闭合的等高线是山丘还是盆地,可根据(　　　)来判断。

A.助曲线   B.首曲线   C.高程注记   D.计曲线

6.导线的布设形式有(　　　)。

A.一级导线、二级导线、图根导线

B.单向导线、往返导线、多边形导线

C.闭合导线、附合导线、支导线

D.单向导线、附合导线、图根导线

7.导线测量的外业工作不包括(　　　)。

A.选点   B.测角   C.量边   D.闭合差调整

8.闭合导线观测转折角一般是观测(　　　)。

A.左角   B.右角   C.外角   D.内角

9.五边形闭合导线,其内角和理论值应为(　　　)。

A.360°   B.540°   C.720°   D.900

10.实测四边形内角和为 $359°59'24''$,则角度闭合差及每个角的改正数为(　　　)。

A.$+36''$,$-9''$ B.$-36''$,$+9''$ C.$+36''$,$+9''$ D.$-36''$,$-9''$

二、计算题

1. 已知某地形图的比例尺为 $1:2\,000$，在图上量得某测段距离为 $AB=25.6$ mm，试求其实地距离。

2. 已知某附合导线坐标增量闭合差为 $f_x=0.08$ m，$f_y=0.05$ m，导线全长为 5 km，求导线全长闭合差及全长相对误差，该导线是否符合图根导线技术要求？

3. 某闭合导线，其横坐标增量总和为 -0.35 m，纵坐标增量总和为 $+0.46$ m，如果导线总长度为 $1\,216.38$ m，试计算导线全长相对闭合差和边长每 100 m 的纵、横坐标增量改正数。

 实训提升

整理表 5.10 中的四等水准测量观测数据。

表 5.10　四等水准测量记录整理

测站	后尺 下丝 上丝	前尺 下丝 上丝	方向及尺号	标尺读数		K+黑减红	高差中数	备考
				后视	前视			
	后距	前距		黑面	红面			
	视距差 d	$\sum d$						
1	1979	0738	后	1718	6405			
	1457	0214	前	0476	5265			
			后一前					
2	2739	0965	后	2461	7247			
	2183	0401	前	0683	5370			
			后一前					$K_{105}=4.687$
								$K_{106}=4.787$
3	1918	1870	后	1604	6291			
	1290	1226	前	1548	6336			
			后一前					
4	1088	2388	后	0742	5528			
	0396	1708	前	2048	6736			
			后一前					
检查计算								

项目 6 建筑施工控制测量

项目目标 >>>>>>>

【知识目标】

1. 熟悉建筑施工控制测量的内容及程序；
2. 掌握建筑基线及建筑方格网的概念及基本要求；
3. 掌握建筑施工测量及测设基本工作。

【技能目标】

1. 能够熟练操作水准仪、经纬仪、全站仪，完成已知高程、水平角、水平距离的测设；
2. 能够根据现场条件与工程要求组织测量实施工作。

【课时建议】

6 课时(理论 4 课时，实训 2 课时)

6.1　建筑总平面图

"图纸是工程师的语言",工程技术人员之间主要是依靠图纸进行交流,它是工程建设的重要依据。

各种建筑工程制图都是以国家建筑制图标准为依据,用图形、符号、带注释的围框、简化外形表示其系统、各部分之间相互关系及其联系,并以文字说明其组成。

一套完整的建筑工程图的主要内容包括建筑施工图、结构施工图、设备施工图三大部分。

建筑总平面图是建筑工程图的一种,其用途主要有两种:

①表明新建、拟建工程的总体布局情况,以及原有建筑物和构筑物的情况。如新建拟建房屋的具体位置、标高、道路系统、构筑物及附属建筑的位置、管线、电缆走向以及绿化、原始地形、地貌等。

②根据平面图可以进行房屋定位、施工放线、填挖土方等。

建筑总平面图是水平正投影图,即投影线与地面垂直,从上往下照射,在地面(图纸)上形成的建筑物、构筑物及设施等的轮廓线和交线的投影图。也就是从上往下看,并且视线始终与地面垂直,所能看到的各个形体的轮廓线和交线构成的图形。

6.2　施工测量及测设基本工作

施工测量同地形图测量一样也以地面控制点为基础,不同点是根据图纸上的建筑物的设计尺寸,计算出各部分的特征点与控制点之间的距离、角度(或方位角)、高差等数据,将建筑物的特征点在实地标定出来,以便施工,这项工作又称"放样"。施工测量所采用的基本方法和原则基本上与测图工作所用的方法一致,所用测量仪器基本相同。为了避免放样误差的积累,施工测量必须遵循"由整体到局部、先控制后细部"的组织原则。由于施工测量的目的和内容与测图工作不完全一致,有其自身的特点,因此,施工测量的具体技术、方法与测图会有差别,有一些专用施工测量用设备。

6.2.1　施工测量概述

1. 施工测量的目的和内容

施工测量的目的与一般测图工作相反,它是按照设计和施工的要求将设计的建筑物、构筑物的平面位置在地面上标定出来,作为施工的依据,并在施工过程中进行一系列的测量工作,以衔接和指导各工序之间的施工。

施工测量的任务,从土建工程开工到竣工,需要进行以下测量工作:

(1)开工前的测量工作

①建立施工场地的测量控制。

②场地的平整测量及土方计算。

③建(构)筑物的定位及放线测量。

(2)施工过程中的测量工作

①构(配)件安装时的定位测量和标高测量。

②施工质量(如墙、柱的垂直度,地坪的平整度等)的检验测量。

③某些重要建(构)筑物的变形和基础沉降的观测。

④为编制竣工图,随时需要积累资料而进行的测量工作。

(3)完工后的测量工作

①配合竣工验收,检查工程质量的测量。

②为绘制竣工图,全面进行的一次竣工图测量。

③对于大型或复杂建筑物或构筑物,随着施工的进展,测定建筑物在水平和竖直方向产生的位移和沉降,收集整理各种变形资料,作为鉴定工程质量和验证工程设计、施工是否合理的依据,为今后工程项目的管理和运营提供依据。

由此可见:施工测量贯穿于整个施工过程中。从场地平整、建筑物定位、基础施工,到建筑物构件的安装等工序,都需要进行施工测量,才能使建筑物、构筑物各部分的尺寸、位置符合设计要求。

2.施工测量的特点

施工测量与一般测图工作相比具有如下特点:

(1)目的不同

简单地说,测图工作是将地面上的地物、地貌测绘到图纸上,而施工测量是将图纸上设计的建筑物或构筑物放样到实地。

(2)精度要求不同

施工测量的精度要求取决于工程的性质、规模、材料、施工方法等因素。一般高层建筑物的施工测量精度要求高于低层建筑物的施工测量精度,钢结构施工测量精度要求高于钢筋混凝土结构的施工测量精度,装配式建筑物施工测量精度要求高于非装配式建筑物的施工测量精度。此外,由于建筑物、构筑物的各部位相对位置关系的精度要求较高,因而工程的细部放样精度要求往往高于整体放样精度。

(3)施工测量工序与工程施工的工序密切相关

某项工序还没有开工,就不能进行该项的施工测量。测量人员要了解设计的内容、性质及其对测量工作的精度要求,熟悉图纸上的标定数据,了解施工的全过程,并掌握施工现场的变动情况,使施工测量工作能够与工程施工密切配合。

(4)受施工干扰

施工场地上工种多、交叉作业频繁,并要填、挖大量土、石方,地面变动很大,又有车辆等机械震动,因此,各种测量标志必须埋设稳固且不易被破坏。常用方法是将这些控制点远离现场。但控制点常直接用于放样,且使用频繁,控制点远离现场会给放样带来不便,因此,常采用二级布设方式,即设置基准点和工作点。基准点远离现场,工作点布设于现场,当工作点密度不够或者现场受到破坏时,可用基准点增设或恢复。工作点的密度应尽可能满足一次安置仪器就可放样的要求。

3.施工测量的原则

为了保证施工能满足设计要求,施工测量与一般测图工作一样,也必须遵循"由整体到局部,先控制后细部""高精度控制低精度"的原则,即先在施工现场建立统一的施工控制网,然后以此为基础,再放样建筑物的细部位置。采取这一原则,可以减少误差积累,保证放样精度,免除因建筑物众多而引起放样工作的紊乱。

此外,施工测量责任重大,稍有差错,就会酿成工程事故,给国家造成重大损失,因此,必须加强外业和内业的检核工作,"上一步工作不做检核,不进行下一步工作"是测量工作的又一基本原则,检核是测量工作的灵魂。

4.施工测量的精度

施工测量的精度取决于工程的性质、规模、材料、施工方法等因素。因此,施工测量的精度应由工程设计人员提出的建筑限差或按工程施工规范来确定。

6.2.2　施工测量基本工作

施工测量又称测设,就是将设计图纸上的建(构)筑物的平面位置及空间位置,测设(放样)到地面上,作为施工的依据。

测设也有三项基本工作,即测设已知水平距离、测设已知水平角、测设已知高程。

1.已知水平距离的测设

根据要求精度不同,有下述两种方法。

(1)一般方法

按一般精度要求,根据现场已定的起点和方向线,将需要测设的直线长度,用钢尺量出,定出直线的端点。

如测设的长度超过一个尺段的长度,则应分段测设。在测设的两点间,应往返丈量距离,如误差在一般量距的容许范围内,则取往返丈量的平均值,作为欲测设的水平距离,并将端点位置加以调整。

(2)精密方法——光电测距仪或全站仪测设水平距离

在工业建筑或重要民用建筑的施工放线工作中,对测设的长度要求精度较高,须用精密方法测设已知水平距离。安置光电测距仪于 A 点,输入气压、温度和棱镜参数,用测距仪瞄准直线 AB 方向,制动仪器,指挥立镜员在 AB 方向上 B 点的概略位置设置反光镜,测出距离与垂直角,按公式 $D' = D \cdot \cos \alpha$ 直接算出水平距离并与测设平距进行比较,将差值通知立镜员,由立镜员在视线方向上用小钢尺进行初步移镜,定出 B 点的位置。重新再进行观测,直到计算所得距离与已知水平距离之差在规定的限差以内,则 AB 便是测设的长度,如图 6.1 所示。

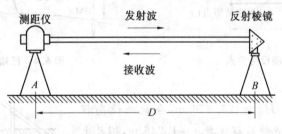

图 6.1　测距仪或全站仪测设距离

2.已知水平角的测设

测设已知角值的水平角是根据已知测站点和一个方向,按设计给定的水平角值,把该角的另一个方向在施工场地上标定出来。根据精度要求不同,可按下述两种方法测设。

(1)一般测设方法

当测设精度要求不高时,可用盘左盘右取中数的方法。如图 6.2 所示,安置经纬仪于测站点,先以盘左位置照准后视点,使水平度盘读数为零;松开制动螺旋,旋转照准部,使水平度盘读数为 β,在此视线方向上定出待测点。再用盘右位置重复上述步骤,测设 β 角定出待测点。取盘左和盘右待测点的中点确定待测点的位置,则 $\angle BAC$ 就是要测设的 β 角。

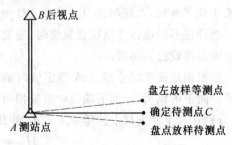

图 6.2　一般方法测设待测点

(2)精确测设方法

当测设水平角的精度要求较高时,可采用垂线改正法,以提高测设精度。如图 6.3 所示,安置仪器于 A 点,先用一般方法测设角值,在地面上定出 C 点。再用测回法观测 $\angle BAC$,测回数可视精度要求而定,取各测回角值的平均值 β 作为观测结果。设 $\beta-\beta'=\Delta\beta$,即可根据 AC 长度和 $\Delta\beta$,计算其垂直距离 d 为

$$d = D_{AC} \cdot \tan\Delta\beta \approx D_{AC} \cdot \frac{\Delta\beta}{\rho} \tag{6.1}$$

过 C 点沿 AC 的垂直方向,向外量出 d 点,那么 $\angle BAC_1$ 就是精确测定的 β 角。

注意 CC_1 的方向,要根据 $\Delta\beta$ 的正负号定出向里或向外的方向。

3. 已知高程的测设与抄平

(1)已知高程的测设

测设已知高程是根据施工现场已有的水准点,通过水准测量,将设计的高程测设到施工场地上。

如图 6.4 所示,已知水准点 A 的高程为 H_A,现欲测设 B 点的高程 H_B。为此,在 A、B 两点间安置水准仪。先在 A 点立尺,读得后视读数为 a,则 B 点的前视读数 b 为

$$b = H_A + a - H_{设} \tag{6.2}$$

在 B 点处打一长木桩,使尺子沿木桩侧面上下移动,当尺上读数为 b 时,沿尺底在木桩侧面上画一红线,该线便是在 B 点测设的高程位置。

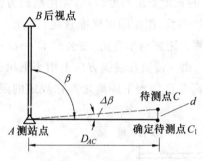

图 6.3　精确测设待测点

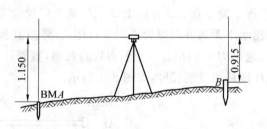

图 6.4　已知高程的测设

【案例实解】

如图 6.5 所示,设已知 $H_A = 126.376$ m,今欲测设高程 $H_B = 121.000$ m。观测得 A 点处后视读数 $a = 1.246$ m,钢尺上读数 $b = 0.357$ m,$c = 4.554$ m,则 B 点读数 d 为多少?

解　$d = H_A + a - (c-b) - H_B = [126.376 + 1.246 -$
$(4.554 - 0.357) - 121.000]$m $= 2.425$ m

将尺子沿 B 点木桩上、下移动,使尺上读数为 2.425 m 时,将尺子底部画线,此线即为 B 点高程 121.000 m。

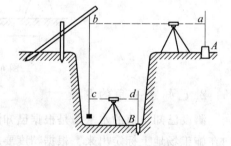

图 6.5　基坑高程的传递

当开挖基槽或修建高层建筑物时,需要向低处或高处引测高程,此时必须建立临时水准点,再由临时水准点测设已知高程。

欲根据地面临时水准点 A 测定坑内临时水准点 B 的高程 H_B 时,可在坑边架设一吊杆,杆顶吊一根零点向下的钢尺,尺的下端挂一重量相当于钢尺检定时拉力的重物,在地面上和坑内各安置一台水准仪,分别在尺上和钢尺上读得 a、b、c、d,则 B 点的高程 H_B 为

$$H_B = H_A + a - (c-b) - d \tag{6.3}$$

若向建筑物上部传递高程时,一般可沿柱子、墙边或楼梯用钢尺垂直向上量取高度,将高程向上传递。

（2）抄平

工程施工中，欲测设设计高程为 $H_设$ 的某施工平面，如图 6.6 所示，可先在地面上按一定的间隔长度测设方格网，用木桩定出各方格网点。然后，根据已知高程测设的基本原理，由已知水准点 A 的高程 H_A 测设出未知点 N 的高程为 H_N 的木桩点。测设时，在场地与已知点 A 之间安置水准仪，读取 A 尺上的后视读数 a，则仪器视线高程 H_i 为

$$H_i = H_A + a \tag{6.4}$$

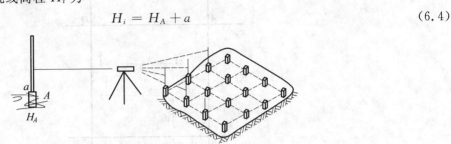

图 6.6　场地抄平

依次在各木桩上立尺，使各木桩顶或木桩侧面的尺上 b_N 的读数为

$$b_N = H_i - H_设 \tag{6.5}$$

此时各桩顶或桩侧面标记处构成的平面就是需测设的水平面。

6.2.3　设计平面点位的测设

测设点的平面位置的方法有极坐标法、直角坐标法、角度交会法、距离交会法等。测设时可根据控制点的分布、仪器设备、精度要求和场地地形情况等因素，进行综合分析后选定合适的测设方法。

1. 极坐标法

极坐标法是根据已知水平角和水平距离测设点的平面位置，适用于测设距离较短且便于量距的情况，如图 6.7 所示。

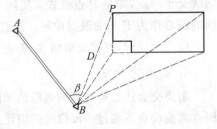

图 6.7　极坐标法

如图 6.7 所示，$A(x_A, y_A)$、$B(x_B, y_B)$ 为已知点，$P(x_P, y_P)$ 为待设点。测设前，先根据已知点和待设点的坐标反算水平距离 D 和 BP 边的方位角，再根据方位角求出水平角 β，并以此作为测设数据。其计算公式如下：

$$D_{BP} = \sqrt{(x_P - x_B)^2 + (y_P - y_B)^2} \tag{6.6}$$

$$\beta = \alpha_{BP} - \alpha_{BA} = \arctan \frac{\Delta y_{BP}}{\Delta x_{BP}} - \arctan \frac{\Delta y_{BA}}{\Delta x_{BA}} \tag{6.7}$$

实地测设时，可将经纬仪安置在 B 点，瞄准 A 点，按顺时针方向测 β 角，并在此方向上量取 D 长度，定出 P 点。

若采用光电测距仪进行测设，则不受地形条件和距离长短的限制，此方法较为简便。

2. 直角坐标法

当施工场地已布设有互相垂直的主轴线或矩形方格网时，可采用此法，这种方法准确、简便。

如图 6.8 所示，已知某矩形控制网的四个角点 A、B、C、D 的坐标，设计总平面图中已确定某矩形建筑物四角点 1、2、3、4 的设计坐标。现以根据 B 点测设 2 点为例，说明其测设步骤：

①先算出 B 点和 2 点的坐标差。

②在 B 点安置经纬仪瞄准 C 点，在此方向上用钢尺量 d_1 得 E 点。

③在 E 点安置经纬仪瞄准 C 点,用盘左、盘右位置两次向左测设 90°角,在其平均方向 E_1 上从 E 点起用钢尺量距 d_2,即得 2 点。

用同样方法可从其他各控制点测设 1、3、4 点。最后检查四个角是否等于 90°,各边长度是否等于设计长度,若误差在测量规范允许范围内,即认为测设符合精度要求(成果合格)。

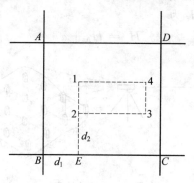

图 6.8　直角坐标法

3. 角度交会法

角度交会法是测设两个或三个已知角度交出点的平面位置的一种方法。在待定点较远或无法量距时,常采用此法。该法又称方向交会法。

如图 6.9 所示,A、B、C 为三个已知点,P 点为待设点,其设计坐标亦已知。先用坐标反算公式求出 α_{AP}、α_{BP}、α_{CP},然后计算测设数据 β_1、β_2、β_3、β_4。测设时,用经纬仪定出 P 点的概略位置,打下一根桩顶面积为 10 cm×10 cm 的大木桩;由观测员指挥,用铅笔在大木桩顶面上标出 AP、BP、CP 的方向线,三方向线交于一点,即是 P 点位置。实际上,由于测设等误差而形成一个误差三角形,一般取三角形的内切圆的圆心作为 P 点的最后位置。误差三角形边长之限差视测设精度而定。

应用此法时,宜使交会角 β_2、β_3 在 30°～150°之间,最好接近 90°,以提高交会精度。

4. 距离交会法

距离交会法是通过量测两段已知距离交出点的平面位置的方法。在施工场地平坦、量距方便且控制点离测设点不超过一尺段时采用此法较为合适。

在图 6.10 中,由已知点 A、B 和待设点 P,反算测设数据 D_{AP}、D_{BP},分别从 A、B 点用钢尺测设已知距离 D_{AP}、D_{BP},其交点即为待测点 P。

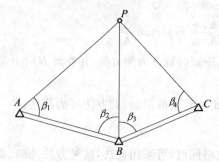

图 6.9　角度交会法

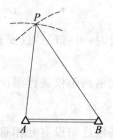

图 6.10　距离交会法

6.2.4　已知坡度线测设

如图 6.11 所示,A、B 为设计坡度线的两端点,已知 A 点高程为 H_A,设计的坡度为 i_{AB},则 B 点的设计高程可用下式计算:

$$H_B = H_A + i_{AB} \cdot D_{AB} \tag{6.8}$$

式中　i_{AB} —— A、B 两点间设计的坡度,坡度上升时 i 为正,反之为负;

　　　D_{AB} —— A、B 两点间的水平距离。

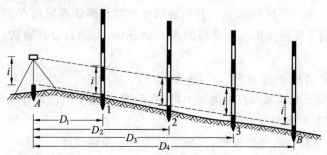

图 6.11　倾斜视线测设已知坡度

(1)设置倾斜视线的测设方法,利用经纬仪(地面坡度较大)测设已知坡度步骤如下:

①先根据附近水准点,将设计坡度线两端点 A、B 的设计高程 H_A、H_B 测设于地面上,并打入木桩。

②将经纬仪安置于 A 点,并量取仪高 i。

③旋转经纬仪照准部使望远镜照准 B 点,制动照准部;旋转望远镜照准尺,使视线在 B 标尺上的读数等于仪高 i,此时经纬仪的倾斜视线与设计坡度线平行。当中间各桩点上的标尺读数都为 i 时,则各桩顶连线就是所需测设的设计坡度。

(2)如图 6.12 所示,设置水平视线的测设方法,利用水准仪(地面坡度不大)测设已知坡度步骤如下:

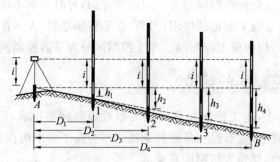

图 6.12　水平视线测设已知坡度

①先根据附近水准点,将设计坡度线两端点 A、B 的设计高程 H_A、H_B 测设于地面上,并打入木桩。

②将水准仪安置于 A 点,并量取仪高 i。

③旋转水准仪望远镜照准 B 点,制动望远镜,使视线在 B 标尺上的读数等于仪高 $i+h_i$,当中间各桩点上的标尺读数都为 $i+h_i$ 时,则各桩顶连线就是所需测设的设计坡度。

$$h_i = D_i \cdot i_{AB} \tag{6.9}$$

6.2.5 全站仪坐标放样

地面控制点 A、B 两点的坐标和 A 点的高程 H_A 已知，C 点为待测设点，其设计坐标已知。用全站仪确定地面 C 点的步骤如下：

①全站仪安置在点 B 上，该点称为测站点，A 点称为后视点。全站仪对中、整平后，进行气象等相关设置。

②输入测站点的坐标(x_B,y_B,H_B)（或调用预先输入的文件中测站坐标和高程），量取全站仪的高度 i 并设置，输入后视点 A 的坐标(x_A,y_A,H_A)，转动照准部精确瞄准后视点 B 完成定向。

③进入坐标放样，输入反射棱镜高度及待测点 C 坐标(x_C,y_C,H_C)并确认，仪器自动计算测设数据 β 和 D。

④转动照准部，使显示窗上 $\Delta\beta=0°0'00''$，水平制动。

⑤指挥反射棱镜移动至视准轴所在方向线上，按测距键，指挥棱镜前后移动使测出的 $\Delta D=0.000$ m，棱镜所在位置就是放样点 C 的位置。

⑥对于不同的设计坐标值的坐标放样，只要重复②～④步骤即可。

全站仪的种类很多，各种仪器的使用方式由自身的程序设计而定。不同型号的全站仪使用方法大体相同，但也有一些区别。学习使用全站仪，需认真阅读使用说明书，熟悉键盘及操作指令。

技术点睛

全站仪操作过程中，必须严格对中，照准目标的根部，注意棱镜常数设置。

6.3 施工控制测量

由于在勘探设计阶段所建立的控制网是为测图而建立的，有时并未考虑施工的需要，所以控制点的分布、密度和精度，都难以满足施工测量的要求；另外，在平整场地时，大多控制点被破坏。因此，施工之前，在建筑场地应重新建立专门的施工控制网。施工控制网分为平面控制网和高程控制网两种。

6.3.1 建筑施工控制网的建立

在大中型建筑施工场地上，施工控制网多用正方形或矩形网格组成，称为建筑方格网。在面积不大，又不十分复杂的建筑场地上，常布设一条或几条基线作为施工的平面控制。建筑施工场地的控制测量主要包括建筑基线的布设和建筑方格网的布设。

施工高程控制网采用水准网。与测图控制网相比，施工控制网具有控制范围小、控制点密度大、精度要求高及使用频繁等特点。

6.3.2 建筑基线的布设

建筑基线是建筑场地的施工控制基准线，即在建筑场地布置一条或几条轴线。它适用于建筑设计总平面图布置比较简单的小型建筑场地。

建筑基线的布设形式，应根据建筑物的分布、施工场地地形等因素来确定。常用的布设形式有"三点一字形""三点 L 形""三点 T 形"和"五点十字交叉形"，如图 6.13 所示。

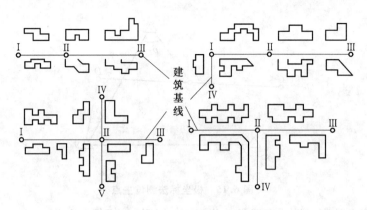

图 6.13 建筑基线的布设形式

1.建筑基线的布设要求

①建筑基线应尽可能靠近拟建的主要建筑物,并与其主要轴线平行,以便使用比较简单的直角坐标法进行建筑物的定位。

②建筑基线上的基线点应不少于三个,以便相互检核。

③建筑基线应尽可能与施工场地的建筑红线相联系。

④基线点位应选在通视良好和不易被破坏的地方,尽量靠近主要建筑边,边长以 100~400 m 为宜,为能长期保存,要埋设永久性的混凝土桩。

2.建筑基线的测设方法

根据施工场地的条件不同,建筑基线的测设方法有以下几种:

(1)根据建筑红线测设建筑基线

由城市测绘部门测定的建筑用地界定基准线,称为建筑红线。在城市建设区,建筑红线可用作建筑基线测设的依据。图 6.14 所示的 1、2、3 点就是在地面上标定出来的边界点,其连线 12、23 通常是正交的直线为建筑红线。一般情况下,建筑基线与建筑红线平行或垂直,故可根据建筑红线用平行推移法测设建筑基线 OA、OB。当把 A、O、B 三点在地面上用木桩标定后,安置经纬仪于 O 点,观测 $\angle AOB$ 是否等于 90°,其不符值不应超过 $\pm 24''$。量 OA、OB 距离是否等于设计长度,其不符值不应大于 1/10 000。若误差超限,应检查推平行线时的测设数据。若误差在许可范围之内,则适当调整 A、B 点的位置。

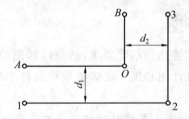

图 6.14 利用建筑红线测设建筑基线

(2)根据附近已有控制点测设建筑基线

在新建筑区,可以利用建筑基线的设计坐标和附近已有控制点的坐标,用极坐标法测设建筑基线。测设步骤如下:

①计算测设数据。根据建筑基线主点 C、P、D 及测量控制点 7、8、9 的坐标,反算测设数据 d_1、d_2、d_3 及 β_1、β_2、β_3。

②测设主点。分别在控制点 7、8、9 处安置经纬仪,按极坐标法测设出三个主点的定位点 C'、P'、D',并用大木桩标定,如图 6.15 所示。

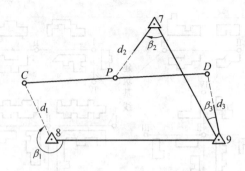

图 6.15 极坐标法测设主点

③检查三个定位点的直线性。安置经纬仪于 P'，检测 $\angle C'P'D'$，如图 6.16 所示，若观测角值 β 与 180° 之差大于 24″，则进行调整。

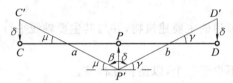

图 6.16 调整三个主点的直线性

④调整三个定位点的位置。先根据三个主点之间的距离 a 和 b，按下式计算出改正数 δ，即

$$\delta = \frac{ab}{a+b} \cdot \left(90° - \frac{\beta}{2}\right) \cdot \frac{1}{\rho} \tag{6.10}$$

$$\delta = \frac{a}{2} \cdot \left(90° - \frac{\beta}{2}\right) \cdot \frac{1}{\rho} \tag{6.11}$$

式中，$\rho = 206\,265''$。然后将定位点 C'、P'、D' 三点移动（注意：P' 移动的方向与 C'、D' 两点的相反）。按 δ 值移动三个定位点之后，再重复检查和调整 C、P、D，至误差在允许范围为止。

⑤调整三个定位点之间的距离。先检查 C、P 及 P、D 间的距离，若检查结果与设计长度之差的相对误差大于 1/10 000，则以 P 点为准，按设计长度调整 C、D 两点，最后确定 C、P、D 三点位置。

（3）根据已有建筑物、道路中心线测设建筑基线

方法同建筑红线测设建筑基线。

6.3.3 建筑方格网的布设

为了进行施工放样测量，并且能够达到精度要求，必须以测图控制点为定向依据建立施工控制网。施工控制网的布设，应根据总平面设计图和施工地区的地形条件来确定。建筑方格网是施工现场常用的平面控制网之一。

建筑方格网的布设应根据总平面图上各种已建和待建的建筑物、道路及各种管线的布置情况，结合现场的地形条件来确定。方格网的形式有正方形、矩形两种。当场地面积较大时，常分两级布设，首级可采用"十"字形、"口"字形或"田"字形，然后再加密方格网。建筑方格网适用于按矩形布置的建筑群或大型建筑场地。

建筑方格网的轴线与建筑物轴线平行或垂直，因此，可用直角坐标法进行建筑物的定位，测设较为方便，且精度较高。但由于建筑方格网必须按总平面图的设计来布置，测设工作量成倍增加，其点位缺乏灵活性，易被破坏，所以在全站仪逐步普及的条件下，正逐步被导线或三角网所取代。确定方格网的主轴线后，再布设方格网。由正方形或矩形组成的施工平面控制网，称为建筑方格网，或称矩形网，如图 6.17 所示。建筑方格网适用于按矩形布置的建筑群或大型建筑场地。

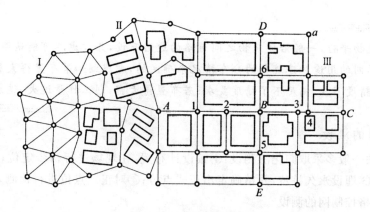

图 6.17　建筑方格网

1.建立建筑方格网应满足的条件

①建筑方格网所采用的施工坐标系必须能与大地控制网的坐标系相联系。在点位和精度上不能低于大地控制网,使建筑方格网建立之后,能够完全代替大地控制网。

②建筑方格网的坐标系统,应选用原测图控制网中一个控制点平面坐标及一个方位角作为建筑方格网的平面起算数据,应与工程设计所采用的坐标系统一致。

③建筑方格网的高程系统,应选用原测图控制网中一个高程控制点作为建筑方格网的高程起算数据,应与工程设计所采用的高程系统一致。

④对于扩建工程,坐标和高程系统应与已建工程的坐标和高程系统保持一致。

⑤建筑方格网必须在总平面图上布置。

2.建筑方格网的设计

(1)建筑方格网设计时应收集的参考资料

在设计建筑方格网时应对整个场区的平面布置、施工总体规划、原有测量资料等相关资料有一个全面的了解。

(2)主轴线及方格网点的设计

建筑方格网的设计,应根据设计院提供的总平面布置图、施工布置图及现场的地形情况进行设计。其设计步骤是:首先选择主轴线,其次选择方格网点。建筑方格网的主轴线应考虑控制整个场区,当场地较大时,主轴线可适当增加。因此,主轴线的位置应当在总平面布置图上选择。

主轴线及方格网点的设计、选择应考虑以下因素:

①主轴线原则上应与厂房的主轴线或主要设备基础的轴线一致或平行,主轴线中纵横轴线的长度应在建筑场地采用最大值,即纵横轴线的各个端点应布置在场区的边界上。

②尽量布置在建筑物附近,使网点控制面广,定位、放线方便。保证网点通视良好,应当避开地下管线、管沟,且便于经常复核和标桩的长久保存。

③轴线的数量及布设采用的图形,应满足图形强度。

④主轴线上方格网边长,应兼顾建筑物放样及施测精度。

⑤主轴线两端点联系到控制点上,以其坐标值与设计坐标值之差,确定方格网主轴线定线的点位精度和方向精度。

⑥网点高程应与场地设计整平标高相适应。

⑦宜在场地平整后进行方格网点的布设。

方格网边与建筑物平行,一般沿建筑物之间道路的边沿布设,并考虑尽可能地避开地下管线。方格网的边长是按各个不同的用途和建筑物的分布情况来确定的,考虑到如果布置得太稀,则定线时测定点位的边长过长,造成精度不佳,满足不了精度要求;若布置得太密,则工作量过大,造成废点,形成浪费。

3.建筑方格网的测设

测设的基本方法一般多采取归化法测设:①按设计布置,在现场进行初步定位;②按正式精度要求测出各点精确位置;③埋设永久桩位,并精确定出正式点位;④对正式点位进行检测,做必要的改正。

(1)大型场地方格控制网的测设

适用场地与精度要求:方格控制网适用于地势平坦、建(构)筑物为矩形布置的场地,根据《工程测量规范》(GB 50026—2007)与《施工测量规范》规定,大型场地控制网主要技术指标应符合表6.1规定。

表 6.1 建筑方格网的主要技术指标

等级	边长/m	测角中误差/(")	边长相对中误差
一级	100～300	±5	1/40 000
二级	100～300	±10	1/20 000
三级	50～300	±20	1/10 000

(2)测设步骤

①初步定位:按场地设计要求,在现场以一般精度(±5 cm)测设出与正式方格控制网相平行2 m的初步点位。一般有"一"字形、"十"字形和"L"字形,如图6.18所示。

②精测初步点位:按正式要求的精度对初步所定点位进行精测和平差算出各点点位的实际坐标。

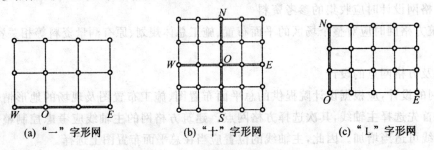

(a) "一"字形网	(b) "十"字形网	(c) "L"字形网

图 6.18 大型场地方格控制网

③埋设永久桩位并定出正式点位:按设计要求埋设方格网的正式点位(一般是基础埋深在1 m以下的混凝土桩,桩顶埋设200 mm×200 mm×6 mm的钢板),当点位下沉稳定后,根据初测点位与其实测的精确坐标值,在永久点位的钢板上定出正式点位,画出十字线,并在中心点埋入铜丝以防锈蚀。

④对永久点位进行检测:对主轴线 WOE 是否为直线,在 O 点上检测∠WOE 是否为180°00′00″,若误差超过规程规定,应进行必要的调整。

6.3.4 建筑施工场地高程控制测量

1.施工场地高程控制网的建立

建筑施工场地的高程控制测量一般采用水准测量方法,应根据施工场地附近的国家或城市已知水准点,测定施工场地水准点的高程,以便纳入统一的高程系统。

在施工场地上,水准点的密度应尽可能满足安置一次仪器即可测设出所需的高程。而测图时敷设的水准点往往是不够的,因此,还需增设一些水准点。在一般情况下,建筑基线点、建筑方格网点以及导线点也可兼作高程控制点。只要在平面控制点桩面上中心点旁边,设置一个突出的半球状标志即可。

为了便于检核和提高测量精度,施工场地高程控制网应布设成闭合或附合路线。高程控制网可分为首级网和加密网,相应的水准点称为基本水准点和施工水准点。

2.基本水准点

基本水准点应布设在土质坚实、不受施工影响、无震动和便于实测的场地,并埋设永久性标志。一般情况下,按四等水准测量的方法测定其高程,而对于为连续性生产车间或地下管道测设所建立的基本水准点,则需按三等水准测量的方法测定其高程。

3.施工水准点

施工水准点是用来直接测设建筑物高程的。为了测设方便和减少误差,施工水准点应靠近建筑物。

此外,由于设计建筑物常以底层室内地坪高±0标高为高程起算面,为了高程传递方便,常在建筑物内部或附近测设±0.000水准点。

技术点睛

±0.000的位置,一般选在稳定的建筑物墙、柱的侧面,用红漆绘成顶为水平线的"▼"形,其顶端表示±0.000位置。

基础同步

一、选择题

1.施工测量的内容不包括(　　　　)。

A.控制测量　　　　B.放样　　　　C.测图　　　　D.竣工测量

2.用角度交会法测设点的平面位置所需的测设数据是(　　　　)。

A.一个角度和一段距离　　　　B.纵横坐标差

C.两个角度　　　　D.两段距离

3.在一地面平坦、无经纬仪的建筑场地,放样点位应选用(　　　　)。

A.直角坐标法　　　　B.极坐标法　　　　C.角度交会法　　　　D.距离交会法

4.建筑基线布设的常用形式有(　　　　)。

A.矩形、十字形、丁字形、L形

B.山字形、十字形、丁字形、交叉形

C.一字形、十字形、丁字形、L形

D.X形、Y形、O形、L形

5.在施工控制网中,高程控制网一般采用(　　　　)。

A.水准网　　　　B.GPS网　　　　C.导线网　　　　D.建筑方格网

二、判断题

1.局部精度往往高于整体定位精度。　　　　　　　　　　　　　　　　　　　　　　(　　　)

2.当测设精度要求较低时,一般采用光电测距仪测设法。　　　　　　　　　　　　　　(　　　)

3.建筑基线上的基线点应不少于三个,以相互检核。　　　　　　　　　　　　　　　　(　　　)

4.待定点较远或无法量距时常采用极坐标法。　　　　　　　　　　　　　　　　　　(　　　)

5.与测图控制网相比,施工控制网具有控制范围小、控制点密度大、精度要求高及使用频繁的特点。

　　　　　　　　　　　　　　　　　　　　　　　　　　　　　　　　　　　　　(　　　)

三、简答题

1.放样测量与测绘地形图有什么根本的区别？

2.建立施工控制网的主要目的是什么？

3.何谓施工测量？建筑施工测量的基本工作有哪些？

4.简述全站仪放样所需要的数据。

5.简述建筑基线的布设要求。

实训提升

1.水准测量法高程放样的设计高差 $h=-1.400$ m，设站观测后视尺 $a=0.579$ m，高程放样的 b 计算值为多少，并画出高差测设的图形。

2.B 点的设计高差 $h=12.800$ m（相对于 A 点），如图 6.19 所示，按两个测站进行高差放样，中间悬挂一把钢尺，$a_1=1.430$ m，$b_1=0.280$ m，$a_2=12.980$ m。计算 b_2 为多少？

3.如图 6.20 所示，已知点 A、B 和待测设点 P 坐标为：A：$x_A=2\ 250.346$ m，$y_A=4\ 520.671$ m；B：$x_B=2\ 786.386$ m，$y_B=4\ 472.14$ m；P：$x_P=2\ 285.834$ m，$y_P=4\ 780.617$ m。按极坐标法计算放样的 β、D_{AP}。

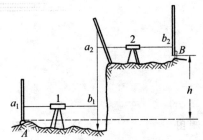 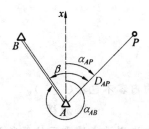

图 6.19 实训提升 2 题图   图 6.20 实训提升 3 题图

4.设用一般方法测设出 $\angle ABC$ 后，精确地测得 $\angle ABC$ 为 $45°00'24''$（设计值为 $45°00'00''$），BC 长度为 120 m，问怎样移动 C 点才能使 $\angle ABC$ 等于设计值？请绘略图表示。

5.已知水准点 A 的高程 $H_A=20.355$ m，若在 B 点处墙面上测设出高程分别为 21.000 m 的位置，设在 A、B 中间安置水准仪，后视 A 点水准尺得读数 $a=1.452$ m，问怎样测设才能在 B 处墙得到设计标高？

6.如图 6.21 所示，已知地面水准点 A 的高程为 $H_A=40.00$ m，若在基坑内 B 点测 $H_B=30.000$ m，测设时 $a=1.415$ m，$b=11.365$ m，$a_1=1.205$，问当 b_1 为多少时，其尺底即为设计高程 H_B。

7.A、B 为控制点，已知：$x_B=643.82$ m，$y_B=677.11$ m，$D_{AB}=87.67$ m，$\alpha_{BA}=156°31'20''$，待测设点 P 的坐标为 $x_P=535.22$ m，$y_P=701.78$ m，若采用极坐标法测设 P 点，试计算测设数据，简述测设过程，并绘测设示意图。

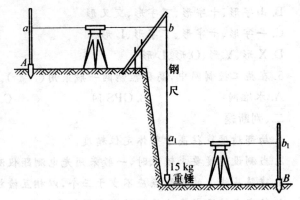

图 6.21 实训提升 6 题图

项目 **7** 建筑施工测量

项目目标 »»»»»»

【知识目标】

1. 了解建筑施工测量的误差分析与精度要求；
2. 掌握建筑施工测量的基本方法、步骤和操作要领；
3. 掌握一般建筑与高层建筑的定位、放线；
4. 掌握基础工程测量、墙体工程测量的方法。

【技能目标】

1. 能够根据施工图进行一般建筑高层建筑物的施工放线测量；
2. 能够根据施工图进行基础工程的施工测量，轴线的投测，高程的传递；
3. 能够根据施工图进行工业建筑构件的安装测量工作；
4. 能够对测量得到的数据，进行正确的计算和处理。

【课时建议】

12 课时（理论 **8** 课时，实训 **4** 课时）

7.1 一般建筑物定位与放线

7.1.1 建筑物定位测量基本方法

建筑物的定位是根据设计图纸,将建筑物外墙的轴线交点(也称角点)测设到实地,作为建筑物基础放样和细部放线的依据。由于设计方案常根据施工场地条件来选定,不同的设计方案,其建筑物的定位方法也不一样,主要有以下四种情况。

1.根据与原有建筑物的关系定位

在建筑区内新建或扩建建筑物时,一般设计图上都给出新建建筑物与附近原有建筑物的相互位置关系,如图 7.1 所示,拟建的 5 号楼根据原有 4 号楼定位。

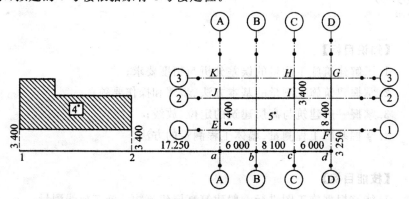

图 7.1 根据原有建筑物定位

①先沿 4 号楼的东西墙面向南各量出 3.00 m,在地面上定出 1、2 两点作为建筑基线,在 1 点安置经纬仪,照准 2 点,然后沿视线方向从 2 点起根据图中注明尺寸,测设出各基线点 a、b、c、d,并打下木桩,桩顶钉小钉以表示点位。

②在 a、c、d 三点分别安置经纬仪,并用正倒镜测设 90°,沿 90°方向测设相应的距离,以定出房屋各轴线的交点 E、F、G、H、I、J 等,并打木桩,桩顶钉小钉以表示点位。

③用钢尺检测各轴线交点间的距离,其值与设计长度的相对误差不应超过 1/2 000,如果房屋规模较大,则不应超过 1/5 000,并且将经纬仪安置在 E、F、G、K 四角点,检测各个直角,其角值与 90°之差不应超过 40″。

2.根据建筑方格网定位

在建筑场地上,已建立建筑方格网,且设计建筑物轴线与方格网边线平行或垂直,则可根据设计的建筑物拐角点坐标(表 7.1)和附近方格网点的坐标,用直角坐标法在现场测设。如图 7.2 所示,由 A、B 点的坐标值可算出建筑物的长度和宽度:

$$a=(268.24-226.00)\text{m}=42.24 \text{ m}$$
$$b=(328.24-316.00)\text{m}=12.24 \text{ m}$$

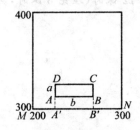

图 7.2 根据建筑方格网定位

表 7.1　建筑物拐角点坐标

点	x/m	y/m
A	316.00	226.00
B	316.00	268.24
C	328.24	268.24
D	328.24	226.00

测设建筑物定点位 A、B、C、D 的步骤:

①先把经纬仪安置在方格点 M 上,沿视线方向自 M 点用钢尺量取 A 与 M 点的横坐标差得 A' 点,再由 A' 点沿视线方向量建筑物长度 42.24 m 得 B' 点。

②然后安置经纬仪于 A',照准 N 点,向左测设 $90°$,并在视线上量取 $A'A$,得 A 点,再由 A 点继续量取建筑物的长度 12.24 m,得 D 点。

③安置经纬仪于 B',同法定出 B、C 点,为了校核,应用钢尺丈量 AB、CD 及 BC、AD 的长度,看其是否等于设计长度以及各角是否为 $90°$。

3. 根据规划道路红线定位

规划道路的红线点是城市规划部门所测设的城市道路规划用地与用地的界址线,新建筑物的设计位置与红线的关系应得到政府部门的批准。因此,靠近城市道路的建筑物设计位置应以城市规划道路的红线为依据。

如图 7.3 所示,A、BC、MC、EC、D 为城市规划道路红线点,其中,$A-BC$,$EC-D$ 为直线段,BC 为圆曲线起点,MC 为圆曲线中点,EC 为圆曲线终点,IP 为两直线段的交点,该交角为 $90°$,M、N、P、Q 为设计高层建筑的轴线(外墙中线)的交点,规定 $M-N$ 轴应离道路红线 $A-BC$ 为 12 m,且与红线相平行;$N-P$ 轴线离道路红线 $D-EC$ 为 15 m。

测设时,在红线上从 IP 点得 N' 点,再量建筑物长度(MN)得 M' 点。在这两点上分别安置经纬仪,测设 $90°$,并量 12 m,得 M、N 点,并延长建筑物宽度(NP)得到 P,Q 点,再对 M、N、P、Q 进行检核。

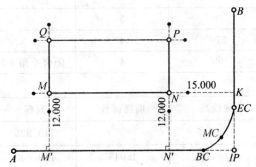

图 7.3　根据建筑红线定位

4. 根据控制点的坐标定位

在场地附近如果有测量控制点利用,应根据控制点及建筑物定位点的设计坐标,反算出交会角或距离后,因地制宜采用极坐标法或角度交会法将建筑物主要轴线测设到地面上,定位测量记录的内容如下所示。

(1)记录的项目:建设单位名称、单位工程名称、地址、测量日期、观测人员姓名。

(2)施测依据:①设计图样的名称、图号。②有关的技术资料及各项数据,各点坐标见表 7.2,其中 C、D 点为已知控制点。

（3）放样数据（表7.3）及放样图，如图7.4所示。

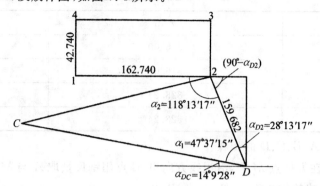

图 7.4　放样图

表 7.2　各点坐标

点位		C	D	1	2	3	4
建筑	A	688.230	598.300	739.000	739.000	781.740	781.740
坐标	B	512.100	908.250	670.000	832.740	832.740	670.000

表 7.3　放样数据

定位测量记录

建设单位：　　　　　　　　工程名称：　　　　　　　　地址：

施工单位：　　　　　　　　工程编号：　　　　　　　　日期：　　年　　月　　日

1.施测依据：一层及基础平面图，总平面图坐标，C、D 两控制点

2.施测方法和步骤

测站	后视点	转角	前视点	量距定点	说明
D	C	47°37′15″	2	2	
2	D	118°13′17″	1	1	
2	1	90°	3	3	
1	2	270°	4	4	
3	2	90°	4	4	闭合差角+10″长+12 mm

3.高程引测记录

测点	后视读数	视线高	前视读数	高程	设计高	说明
D	1.320	120.645		119.325		
2			1.045	119.600	119.800	−0.200

4.说明：高程控制点与控制网控制桩合用，桩顶标高为−0.200 m

	甲方代表		技术负责人	
	审核		质检员	
			测量员	

7.1.2　建筑物放线与基础施工测量

1. 建筑物放线

建筑物的放线是根据已定位的外墙轴线交点桩详细测设出建筑物的其他各轴线交点的位置,并用木桩(桩上钉小钉)标定出来,称为中心桩。并据此按基础宽和放坡宽度用白灰线撒出基槽开挖边界线。

由于基槽开挖后,角桩和中心桩将被挖掉,为了便于在施工中恢复轴线的位置,应把各轴线延长到槽外安全地点,并做好标志,其方法有设置轴线控制桩和龙门板两种形式,如图 7.5 所示。

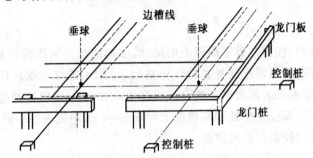

图 7.5　设置控制桩

(1)设置轴线的控制桩

轴线控制桩设置在基础轴线的延长线上,作为开槽后各施工阶段恢复各轴线的依据。轴线控制桩离基槽外边线的距离应根据施工场地的条件而定,一般离基槽外边 2~4 m 不受施工干扰并便于引测的地方。如果场地附近有一建筑物或围墙,也可将轴线投设在建筑的墙体上做出标志,作为恢复轴线的依据。测设步骤如下:

①将经纬仪安置在轴线交点处,对中整平,将望远镜十字丝纵丝照准地面上的轴线,再抬高望远镜把轴线延长到离基槽外边(测设方案)规定的数值上,钉设轴线控制桩,并在桩上的望远镜十字丝交点处,钉一小钉作为轴线钉。一般在同一侧离开基槽外边的数值相同(如同一侧离基槽外边的控制桩都为 3 m),并要求同一侧的控制桩要在同一竖直面上。

倒转望远镜将另一端的轴线控制桩,也测设于地面。将照准部转动 90°可测设相互垂直轴线,轴线控制桩要钉的竖直、牢固,木桩侧面与基槽平行。

②用水准仪根据建筑场地的水准点,在控制桩上测设+0.000 m 标高线,并沿+0.000 m 标高线钉设控制板,以便竖立水准尺测设标高。

③用钢尺沿控制桩检查轴线钉间距,经检核合格以后以轴线为准,将基槽开挖边界线画在地面上,拉线,用石灰撒出开挖边线。

(2)设置龙门板

在一般民用建筑中,为了施工方便,在基槽外一定距离订设龙门板。钉设龙门板的步骤如下:

①在建筑物四角和隔墙两端基槽开挖边线以外的 1~1.5 m 处(根据土质情况和挖槽深度确定)钉设龙门板,龙门桩要钉的竖直、牢固,木桩侧面与基槽平行。

②根据建筑物场地的水准点,在每个龙门桩上测设±0.000 m 标高线,在现场条件不许可时,也可测设比±0.000 m 高或低一定数值的线。

③在龙门桩上测设同一高程线,钉设龙门板,这样,龙门板的顶面标高就在一水平面上了。龙门板标高测设的容许差一般为±5 mm。

④根据轴线桩,用经纬仪将墙、柱的轴线投到龙门板顶面上,并钉上小钉标明,称为轴线投点,投点的容许差为±5 mm。

⑤用钢尺沿龙门板顶面检查轴线钉的间距,经检查合格后,以轴线钉为准,将墙宽、槽宽画在龙门板上,最后根据基槽上口宽度拉线,用石灰撒出开挖线。

技 术 点 睛

机械化施工时,一般只测设控制桩而不设龙门板和龙门桩。

2. 基础施工测量

(1) 基槽与基坑抄平

建筑物轴线放样完毕后,按照基础平面图上的尺寸,在地面放出灰线的位置上进行开挖。如图7.6所示,为了控制基槽开挖深度,当快挖到基底设计标高时,可用水准仪根据地面上±0.000 m点在槽壁上测设一些水平小木桩,使木桩表面离槽底的设计标高为0.500 m,用以控制挖槽深度。为了施工使用方便,一般在槽壁各拐角处、深度变化处和基槽壁上每隔3～4 m测设一水平桩,并沿桩顶面拉直线绳作为清理基底和打基础垫底时控制标高的依据。

(2) 垫层中线的测设

基础垫层打好后,根据龙门板上的轴线钉或轴线控制桩,用经纬仪或用拉绳挂垂球的方法,把轴线投测到垫层上,如图7.7并用墨线弹出墙中心线和基础边线,以便砌筑基础,由于整个墙身砌筑以此线为主,这是确定建筑物位置的关键环节,所以要严格校核后方可进行砌筑施工。

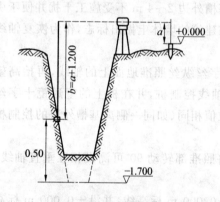

图7.6 基坑标高控制

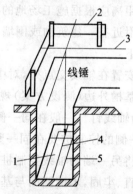

图7.7 垫层轴线投测

1—垫底;2—龙门板;3—细线;4—墙中线;5—基础边线

(3) 建筑基础标高的控制

房屋基础墙的高度是利用基础皮数杆来控制的。基础皮数杆是一根木制的杆子,如图7.8所示,在杆上是先按照设计尺寸,将砖、灰缝厚度画出线条,并标明±0.000 m和防潮层等的标高位置。立皮数杆时,可先在立杆处打一木桩,用水准仪在木桩侧面定出一条高于垫层标高某一数值(如10 cm)的水平线,然后将皮数杆高度与其相同的一条线与木桩上的水平线对齐,用大铁钉把皮数杆与木桩钉在一起,作为基础墙的标高依据。

基础施工完毕后,应检查基础面的标高是否符合设计要求。可用水准仪测出基础面上若干点的高程与设计高程进行比较,允许误差为±10 mm。

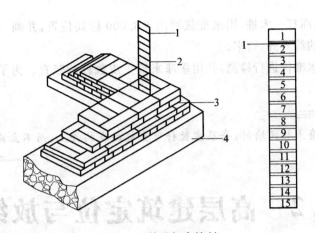

图7.8　基础标高控制

1—防潮层；2—皮数杆；3—大放脚；4—垫层

7.1.3　墙体施工测量

1.墙体定位

在基础工程结束后，应对控制桩和龙门板进行认真检查复核，以防止基础施工时由于土方和材料的堆放与搬运产生碰动移动。复核无误后，可利用龙门板或控制桩将轴线测设到基础或防潮层等部位的侧面，这样就确定了上部砌体的轴线位置，施工人员可以照此进行墙体的砌筑，也可以作为向上投测轴线的依据，如图7.9所示。

2.墙体各部位标高控制

在墙体砌筑施工中，墙身上各部位的标高通常使用皮数杆来控制和传递。

皮数杆应根据建筑物剖面图画有每块砖和灰缝的厚度，并注明墙体上窗台、过梁、雨篷、圈梁、楼板等构件高度位置，在墙体施工中，用皮数杆可以控制墙身各部位构件的准确位置，并保证每皮砖灰缝厚度均匀，每皮砖都处在同一水平面上，如图7.10所示。

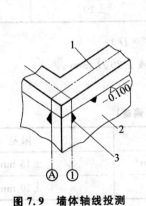

图7.9　墙体轴线投测

1—墙中线；2—外墙基础；3—轴线标志

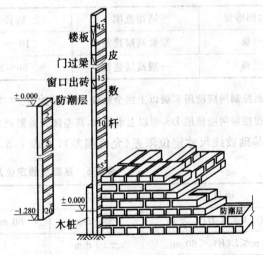

图7.10　墙体皮数杆

立皮数杆时，先在地面打一木桩，用水准仪测出±0.000标高位置，并画一横线作为标志；然后，把皮数杆上的线与木桩上的线对齐，钉牢。

皮数杆钉好后要用水准仪进行检测，并用垂球来校正皮数杆的竖直。为了施工方便采用外脚手架时，皮数杆应立在墙内侧。

技术点睛

如是框架或钢筋混凝土柱间墙时，每层皮数杆可直接画在构件上，而不立皮数杆。

7.2 高层建筑定位与放线

7.2.1 工程测量基本任务与程序

1.高层建筑施工特点

①由于建筑层数多、高度高，结构竖向偏差直接影响工程受力情况，故施工测量中要求竖向投点精度高，所选用的仪器和测量方法要适应结构类型、施工方法和场地情况。

②由于建筑结构复杂，设备和装修标准较高，特别是高速电梯的安装等，对施工测量精度要求亦较高。一般情况，在设计图纸中有说明总的允许偏差值，由于施工时亦有误差产生，为此测量误差只能控制在总偏差值之内。

③由于建筑平面、立面造型新颖且复杂多变，故要求开工前先制定施测方案，仪器配备，测量人员的分工，并经工程指挥部组织有关专家论证方可实施。

2.高层建筑施工测量精度标准

①施工平面与高程控制网的测量限差（允许偏差），见表7.4。

表7.4 施工平面与高程控制网的测量限差（允许偏差）

平面网等级	适用范围	边长/m	允许偏角/(")	边长相对精度
一级	重要高层建筑	100～300	±15	1/15 000
二级	一般高层建筑	50～200	±20	1/10 000

注：①平面控制网应使用5"级以上的全站仪，测距精度为±$(3\ mm+2\times10^{-6}\times D)$；

②高程控制网应使用 DS_3 型以上水准仪，高差闭合差限差为 $\pm6\sqrt{n}\ mm$ 或 $\pm20\sqrt{L}\ mm$。

②基础放线尺寸定位限差（允许偏差），见表7.5。

表7.5 基础放线定位尺寸限差（允许偏差）

项目	限差	项目	限差
长度 L（宽度 B）≤30 m	±5 mm	60 m<$L(B)$≤90 m	±15 mm
30 m≤$L(B)$≤60 m	±10 mm	$L(B)$>90 m	±20 mm

③施工放线限差(允许偏差),见表 7.6。

表 7.6　施工放线限差(允许偏差)

项目		限差/mm
外廊主轴线长 L(m)	$L \leqslant 30$	±5
	$30 < L \leqslant 60$	±10
	$60 < L \leqslant 90$	±15
	$L > 90$	±20
细部轴线		±2
承重墙、梁、柱边线		±3
非承重墙边线		±3
门窗洞口线		±3

④轴线竖向投测限差(允许偏差),见表 7.7。

表 7.7　轴线竖向投测限差(允许偏差)

项目		限差/mm
每层(层间)		±3
总高 H(m)	$H \leqslant 30$	±5
	$30 < H \leqslant 60$	±10
	$60 < H \leqslant 90$	±15
	$90 < H \leqslant 120$	±20
	$120 < H \leqslant 150$	±25
	$H > 150$	±30

注:建筑全高 H 竖向投测偏差不应超过 $3H/10\ 000$,且不应大于上表值,对于不同的结构类型或者不同的投测方法,竖向允许偏差要求略有不同。

⑤标高竖向投测限差(允许偏差),见表 7.8。

表 7.8　标高竖向投测限差(允许偏差)

项目		限差/mm
每层(层间)		±3
总高 H(m)	$H \leqslant 30$	±5
	$30 < H \leqslant 60$	±10
	$60 < H \leqslant 90$	±15
	$90 < H \leqslant 120$	±20
	$120 < H \leqslant 150$	±25
	$H > 150$	±30

注:建筑全高 H 竖向传递测量误差不应超过 $3H/10\ 000$,且不应大于上表值。

⑥各种钢筋混凝土高层结构施工中竖向轴线位置的施工限差（允许偏差），见表7.9。

表7.9　钢筋混凝土高层结构施工中竖向轴线位置施工的限差（允许偏差）

限差＼结构类型		现浇框架 框架—剪力墙	装配式框架 框架—剪力墙	大模板施工 混凝土墙体	滑模施工	检查方法
层间	层高不大于5 m	8 mm	5 mm	5 mm	5 mm	2 mm靠尺检查
	层高大于5 m	10 mm	10 mm			
全高 H		H/1 000但不 大于30 mm	H/1 000但不 大于20 mm	H/1 000但不 大于30 mm	H/1 000但不 大于50 mm	激光经纬仪 全站仪实测
轴线 位置	梁、柱	8 mm	5 mm	5 mm	3 mm	钢尺检测
	剪力墙	5 mm	5 mm			

⑦各种钢筋混凝土高层结构施工中标高的施工限差（允许偏差），见表7.10。

表7.10　钢筋混凝土高层结构施工中标高的施工限差（允许偏差）（mm）

限差＼结构类型	现浇框架 框架—剪力墙	装配式框架 框架—剪力墙	大模板施工 混凝土墙体	滑模施工	检查方法
每层	±10	±5	±10	±10	钢尺检测
全高	±30	±30	±30	±30	水准仪实测

高层建筑平面较多层建筑平面复杂，其基础形式一般采用桩基础，上部主体结构以框架结构与剪力墙结构为常见结构形式。以下针对其平面定位、轴线投测与高程传递核心点进行介绍。

7.2.2　特殊平面建筑物的定位测量

1.弧形建筑物的施工测量

具有弧形平面的建筑物应用较为广泛，住宅、办公楼、旅馆饭店、医院、交通建筑等都经常使用弧形平面而且形式也极为丰富多样，有的是建筑物局部采用圆形弧线。弧形平面建筑物的现场施工放样方法很多，一般有直线拉线法、几何作图法、经纬仪坐标计算法及现场施工条件测角法等，作业中应根据设计图上给出的定位条件，采用相应的施工放样方法。

（1）直接拉线法

这种施工放样方法比较简单，根据设计总平面图，先定出建（构）筑物的中心位置和轴线，再根据设计数据，即可进行施工放样操作。这种方法适用于圆弧半径较小的情况。

①如图7.11所示，根据设计总平面图，实地测出该圆的中心位置，并设置较为稳定的中心桩（木桩或水泥桩），设置中心桩时应注意：

a.中心桩位置应根据总平面要求，设置正确。

b.中心桩要设置牢固。

c.整个施工过程中，中心桩须多次使用，应以妥善保护。同时，为防止中心桩因发生移位四周应设置辅助桩。使用木桩时，木桩中心处钉一圆钉；用水泥桩时，水泥桩中心处应埋设一断头钢筋。

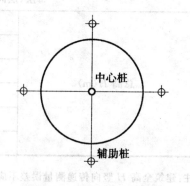

图7.11　直接标定建筑物

②依据设计半径,用钢尺套住中心桩上的圆钉或钢筋头,画圆弧即可测设出圆曲线。钢尺应松紧一致,不允许有时松有时紧现象,不宜用皮尺进行画圆操作。

（2）坐标计算法

坐标计算法是当圆弧形建筑平面的半径尺寸很大,圆心已远远超出建筑物平面以外,无法采用直接拉线法或几何作图法时所采用的一种施工放样方法。

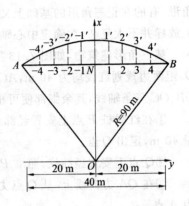

图7.12 圆弧形建筑物定位

坐标计算法,一般是先根据设计平面图所给出的条件建立直角坐标系,进行一系列计算,并将计算结果列成表格后,根据表格再进行现场施工设计。因此,坐标计算法的实际现场的施工放样工作比较简单,且能获得较高的施工精度。如图7.12所示,一圆弧形建筑平面,圆弧半径 $R=90$ m,弦长 $AB=40$ m,其施工放样步骤如下:

①计算测设数据。

建立直角坐标系。以圆弧所在圆的圆心坐标原点,建立 xOy 平面直角坐标系,圆弧上任意一点的坐标应满足方程:

$$x^2 + y^2 = R^2 \quad \text{亦即} \quad x = \sqrt{R^2 - y^2} \tag{7.1}$$

② 计算圆弧分点的坐标,用 $y=0$ m, $y=\pm 4$ m, $y=\pm 8$ m,…, $y=\pm 12$ m 的直线去切割弦 AB 和弧 AB,得与弦 AB 的交点 N、1、2、3、4 和 -1、-2、-3、-4 以及与圆弧 AB 的交点 N'、$1'$、$2'$、$3'$、$4'$ 和 $-1'$、$-2'$、$-3'$、$-4'$。将各分点的横坐标代入式(7.1),可得各分点的纵坐标为

$$x_{N'} = \sqrt{90^2 - 0^2} \ \text{m} = 90.000 \ \text{m}$$

$$x_{1'} = \sqrt{90^2 - 4^2} \ \text{m} = 89.911 \ \text{m}$$

$$\vdots$$

弦 AB 上的交点的纵坐标都相等,即

$$x_N = x_1 = \cdots = x_A = x_B = 87.750 \ \text{m}$$

③计算矢高,即

$$NN' = x_{N'} - x_N = (90.000 - 87.750) \ \text{m}$$

$$11' = x_{1'} - x_1 = (89.911 - 87.750) \ \text{m}$$

计算出的放样数据见表7.11。

表7.11 圆弧曲线放样数据

弦分点	A	-4	-3	-2	-1	N	1	2	3	4	B
弧分点	A	$-4'$	$-3'$	$-2'$	$-1'$	N'	$1'$	$2'$	$3'$	$4'$	B
y/m	-20	-16	-12	-8	-4	0	4	8	12	16	20
矢高/m	0	0.816	1.446	1.894	2.161	2.250	2.161	1.894	1.446	0.816	0

（3）实地放样

①根据设计总平面图的要求,先在地面上定出弦 AB 的两端点 A、B,在弦 AB 上测设出各弦分点的实地点位。

②用直角坐标法或距离交汇法测设出各弧分点的实地位置,将各弧分点用光滑的圆曲线连接起来,得到圆曲线 AB。用距离交汇法测设各弧分点的实地位置时,需用勾股定理计算出 $N1'$、$12'$、$23'$ 和 $34'$ 等线段的长度。

2.三角形建筑物的施工测量

正三角形的平面形式在建筑设计中也有应用,在高层建筑中尤为多见。有的建筑平面直接为正三角形,有的在正三角形的基础上又有变化,从而使平面形状丰富多彩。具有正三角形平面的建筑物的施工放样并不太复杂,在确定中心轴线或某一边的轴线位置后,即可放出建筑物的全部尺寸线。

某三角形建筑物,如图7.13所示。建筑物三条中心轴线的交点 O,距两边规划红线均为 40 m,$AO=BO=CO$。本建筑只要测出 OA、OB、OC 三条轴线,其余细部便可根据这三条轴线来测设。

①在红线桩 P 点上安置经纬仪,照准红线桩 K,在 PK 方向上丈量 40 m,定出 Q 点。

②Q 点上安置经纬仪,照准 P 点测设 90°角,定出 QA 方向线。

③在 QA 方向线上,从 Q 点丈量 40 m 为 O 点,从 O 点丈量34 m 为 A 点。

④安置经纬仪于 O 点,照准 A 点测设 120°角,从 O 点起量34 m,定出 B 点。

⑤同法测设出 C 点。

⑥因房屋的其他尺寸都是直线关系,所以有了这三条主要轴线,就可以根据平面图所给的尺寸,测设出整幢楼房的全部轴线和边线位置,并定出轴线桩。

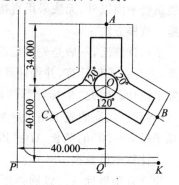

图 7.13　三角形建筑物

7.2.3　轴线的竖向投测

1.多层建筑物轴线投测

在多层建筑墙身砌筑过程中,为了保证建筑物轴线位置正确,可用吊锤球或经纬仪将轴线投测到各层楼板边缘或柱顶上。

(1)吊锤球法

一般建筑在施工中,常用悬吊垂球法将轴线逐层向上投测。其做法是:将较重的垂球悬吊在楼板或柱顶边缘,当垂球尖对准基础上定位轴线时,线在楼板或顶柱边缘位置即为楼层轴线端点位置,画一短线作为标志;同样投测轴线另一端点,两端的连线即为定位轴心,如图7.14所示。

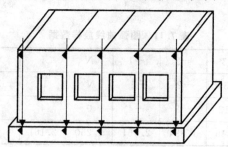

图 7.14　吊垂球法投测轴线

同法投测其他轴线,再用钢尺校测各轴线间距,然后继续施工,并把轴线逐层自下向上传递。为减少误差累计,用经纬仪从地面上的轴线投测到楼板或柱上去,以校核逐层传递的轴线位置是否正确。悬吊垂球简便易行,不受场地限制,一般能保证施工质量。但是,当有风或建筑物层数较多时,用垂球投测轴线误差较大。

(2)经纬仪投测法

在轴线控制桩上安置经纬仪,严格整平后,瞄准基础墙面上的轴线标志,用盘左、盘右分中投点法,将轴线投测到楼层边缘或柱顶上,如图 7.15 所示。将所有端点投测到楼板上之后,用钢尺检核其间距,相对误差不得大于 1/2 000。检查合格后,才能在楼板间弹线,继续施工。

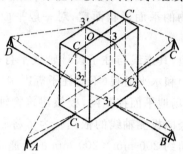

图 7.15　经纬仪轴线投测

2.高层建筑物轴线投测

高层建筑由于层数多,高度高,结构竖向偏差对工程受力影响大,因此施工中对竖向投点的精度要求也高。高层建筑轴线向上投测的竖直偏差值在本层不超过 5 mm,全高不超过楼高的 1/1 000,累计偏差不超过 20 mm。其轴线的竖向投测,主要有外控法和内控法两种。

(1)外控法

外控法是在建筑物外部,利用经纬仪,根据建筑物轴线控制桩来进行轴线的竖向投测,亦称作"经纬仪引桩投测法"。

①在建筑物底部投测中心轴线位置。如图 7.16 所示,高层建筑的基础工程完工后,将经纬仪安置在轴线控制桩 A_1、A'_1、B_1 和 B'_1 上,把建筑物主轴线精确地投测到建筑物的底部,并设立标志,如图 7.16 中的 a_1、a'_1、b_1 和 b'_1,以供下一步施工与向上投测之用。

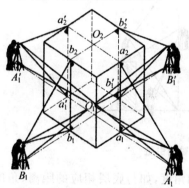

图 7.16　外控法轴线控制

②向上投测中心线。随着建筑物不断升高,要逐层将轴线向上传递。将经纬仪安置在中心线控制桩 A_1、A'_1、B_1 和 B'_1 上,严格整平仪器,用望远镜瞄准建筑物底部已标出的轴线 a_1、a'_1、b_1 和 b'_1 点。用盘左和盘右分别向上投测到每层楼板上,并取其中点作为该层中心轴线的投影点 a_2、a'_2、b_2 和 b'_2。

③增设轴线引桩。当楼房逐渐增高,而轴线控制桩距建筑物又较近时,望远镜的仰角较大,操作不便,投测精度也会降低。将原中心轴线控制桩引测到更远的安全地方,或者附近较大楼的屋面上。

将经纬仪安置在已经投测的较高层(如第 10 层)楼面轴线 a_{10}、a'_{10} 上。瞄准地面上原有的轴线控制桩 A_1、A'_1 点,用盘左和盘右分中投点法,将轴线延长到远处 A_2、A'_2 点,并用标志固定其位置,A_2、A'_2 即为新投测的 A_1、A'_1 轴的控制桩,如图 7.17 所示。

（2）内控法

高层建筑物一般都建在城市密集的建筑区里，施工场地窄小，无法用外控法。内控法不受施工场地限制，不受刮风下雨的影响，施工时在建筑物底层测设室内轴线控制点上建立室内轴线控制网。用垂准线原理将其轴线点垂直投测到各层楼面上，作为各层轴线测设的依据。故此法也叫垂准线投测法。

室内轴线控制点的布置视建筑物的平面形状而定，对一般平面形状不复杂的建筑物，可布设成 L 形或矩形控制网。

内控点应设在房屋拐角柱子旁边，其连线与柱子设计轴线平行，相距 0.5～1.0 m。内控制点应选择在能保持通视（不受构架梁等影响）和水平通视（不受柱子等影响）的位置。

当基础工程完成后，根据建筑物场地平面控制网，校核建筑物轴线控制桩无误后，将轴线内控点测设到底层地面上，并埋设标志，作为竖向投测轴线的依据。为了将底层的轴线点投测到各层楼面上，在点的垂直方向上的各层楼面上应预留约 200 mm×200 mm 的传递孔。并在孔周用砂浆做成 20 mm 高的防水斜坡，以防投点时施工用水通过传递孔流落在仪器上。

根据竖向投测使用仪器的不同，又分为以下四种投测方法。

①吊线坠法。

如图 7.18 所示，吊线坠法是使用直径 0.5～0.8 mm 的钢丝悬吊 10～20 kg 特制的大垂球，以底层轴线控制点为准，通过预留孔直接向各施工层投测轴线。每个点的**投测应进行两次**，两次投点的偏差，在投点高度小于 5 m 时不大于 3 mm，高度在 5 m 以上时不大于 5 mm，**即可**认为投点无误，取用其平均位置，将其固定下来。

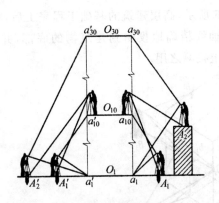

图 7.17　增设轴线引桩

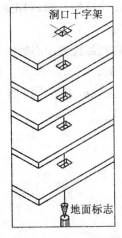

图 7.18　吊线坠法

然后再检查这些点间的距离和角度，如与底层相应的距离、角度相差不大时，可做适当调整。最后根据投测上来的轴线控制点加密其他轴线。施测中，如果采用的措施得当，如防止风吹和震动等，使用线坠引测铅直线是既经济、简单，又直观、准确的方法。

②激光铅垂仪投测轴线。

激光铅垂仪是一种专用的铅直定位仪器。适用于高层建筑物、烟囱及高塔架的铅直定位测量。激光铅垂仪主要由氦氖激光管、精密竖轴、发射望远镜、水准器、基座、激光电源及接收屏等部分组成。

激光器通过两组固定螺钉固定在套筒内。激光铅垂仪的竖轴是空心筒轴，两端有螺扣，上、下两端分别与发射望远镜和氦氖激光套筒相连接，二者位置可对调构成向上或向下发射激光束的铅垂仪。仪器上设置有两个互成 90°的管水准器，仪器配有专用激光电源。

激光铅垂仪投测轴线的步骤：

a.在首层轴线控制点上安置激光铅垂仪,利用激光器底端(全反射棱镜端)所发射的激光束进行对中,通过调节基座整平螺旋,使管水准器气**泡严格居中**。

b.在上层施工楼面预留孔处,放置**接收靶**。

c.接通激光电源,启辉激光器发射铅直激光束,通过发射望远镜调焦,使激光束会聚成红色耀目光斑,投射到接收**靶**上。

d.移动接受靶,使靶心与红色光斑重合,固定接收靶,并在预留孔四周做出标记。此时,靶心位置即为轴线控制点在该楼面上的投测点。

③天顶准直法。

天顶准直法是使用能测设铅直向上方向的仪器,进行竖向投测。常用的仪器有激光铅直仪、激光经纬仪和配有 90°弯管目镜的经纬仪。采用激光铅直仪或激光经纬仪进行竖向投测是将仪器安置在底层轴线控制点上,进行严格整平和对中(用激光经纬仪需将望远镜指向天顶)。在施工层预留孔中央设置用透明聚酯膜片绘制的靶,启辉激光器,经过光斑聚焦,使在接收靶上接收成一个最小直径的激光光斑。接着水平旋转仪器,检查光斑有无画圆情况,以保证激光束铅直。然后移动靶心使其与光斑中心垂直,将接收靶固定,则靶心即为欲铅直投测的轴线点。

④天底准值法。

天底准直法是使用能测设铅直向下方向的垂准仪器,进行竖向投测。测法是把垂准经纬仪安置在浇筑后的施工层上,用天底准直法,通过在每层楼面相应与轴线点处的预留孔,将底层轴线点引测到施工层上。

在实际工作中,可将有光学对点器的经纬仪改装成垂准仪。有光学对点器的经纬仪竖轴是空心的,故可将竖轴中心的光学对中器物镜和转向棱镜以及支架中心的圆盖卸下,在经验核后,当望远镜物镜向下竖起时,即可测出天底准直方向。但改装工作必须由仪器专业人员进行。

7.2.4 建筑物的高程传递

建筑物可用皮数杆来传递高程。对于高程传递要求较高的建筑物,通常用 50 线来传递高程。

1.测设 50 线传递高程

50 线是指建筑物中高于室内地坪±0.000 m 标高 0.5 m 的水平控制线,作为砌筑墙体、屋顶支模板、洞口预留及室内装修的标高依据。50 线的精度非常重要,相对精度要满足 1/5 000。50 线的测设步骤如下：

①检验水准仪的 i 角误差,i 角误差不大于 20″。

②为防止±0.000 点处标高下沉,从高等级高程控制点重新引测±0.000 标高处的高程,检核±0.000 的标高。

③在新建建筑物内引测高于±0.000 处 0.5 m 的标高点,复测 3 次其平均值并准确标记在新建建筑物内。

④当墙体砌筑高于 1 m 时,以引测点为准采用小刻度抄平尺(最小刻度不大于 1 mm)在墙上抄 50 线。

⑤50 线抄平完毕后用抄平水管进行检核,误差不超过 3 mm。

测量时一般是在底层墙身砌筑到 1 m 高后,用水准仪在内墙面上测设一条高出室内+0.5 m 的水平线。作为该层地面施工及室内装修时的标高控制线。对于二层以上各层,同样在墙身砌到 1 m 后,一般从楼梯间用钢尺从下层的+0.5 m 标高线向上量取一段等于该层层高的距离,并作标志。然后,再用水准尺测设出上一层的"十0.5 m"的标高线。这样用钢尺逐层向上引测。根据具体情况也可用悬挂钢尺代替水准仪,用水准仪读数,从下向上传递高程。

2.楼梯间高程传递

如图 7.19 所示,将水准仪安置在 I 点,后视±0.000 水平线或起始高程线处的水准尺读取后视读数 a_1,前视悬吊于施工层上的钢尺读取前视读数 b_1,然后将水准仪移动到施工层上安置于 II 点,后视钢尺读取 a_2,前视 B 点水准尺测设施工层的某一高程线(如+50 线)。对于一个建筑物,应按这样的方法从不少于三处分别测设某一高程线标志。

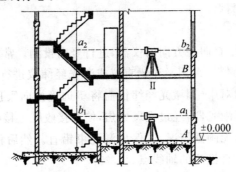

图 7.19　楼层间高程传递

测设高程线标志以后,再采用水准测量的方法观测处于不同位置的具有同一高程的水平线标志之间的高差,高差应不大于±3 mm。

7.3　工业建筑定位与放线

7.3.1　厂房控制网测设

1.厂房矩形控制网的测设

厂房施工中多采用由柱列轴线控制桩组成的厂房矩形控制网,其测设方法有两种,即角桩测设法和主轴线测设法。

(1)角桩测设法

首先以厂区控制网放样出厂房矩形网的两角桩(或称一条基线边,如 S_1—S_2),再据此拨直角,设置图 7.20 所示厂房基础施工测量矩形网的两条短边,并埋设距离指标桩。距离指标桩的间距一般是等于厂房柱子间距的整倍数(但以不超过使用尺子的长度为限)。此法简单方便,但由于其余三边系由基线推出,误差集中在最后一边 N_1—N_2 上,使其精度较差,故用此形式布设的矩形网只适用于一般的中小型厂房。

(2)主轴线测设法

厂房矩形控制网的主轴线,一般应选在与主要柱列轴线或主要设备基础轴线相互一致或平行的位置上。如图 7.21 所示,先根据厂区控制网定出矩形控制网的主轴线 AOB,再在 O 点架设仪器,采用直角坐标法放样出短轴线 CD,其测设与调整方法与建筑方格网主轴线相同。在纵横轴线的端点 A、B、C、D 分别安置经纬仪,都以 O 点为后视点,分别测设直角交会定出 E、F、G、H 四个角点。

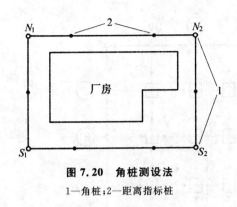

图 7.20　角桩测设法
1—角桩；2—距离指标桩

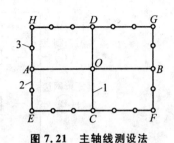

图 7.21　主轴线测设法
1—主轴线；2—矩形控制网；3—距离指标桩

为了便于以后进行厂房细部的施工放线，在测定矩形网各边长时，应按施测方案确定的位置与间距测设距离指标桩。厂房矩形控制网角桩和距离指标桩一般都埋设在顶部带有金属标板的混凝土桩上。当埋设的标桩稳定后，即可采用归化改正法，按规定精度对矩形网进行观测、平差计算，求出各角桩点和各距离指标桩的平差坐标值，并和各桩点设计坐标相比较，在金属标板上进行归化改正，最后再精确标定出各距离指标桩的中心位置。

2.厂房矩形控制网的精度要求

矩形控制网的允许误差应符合表 7.12 的规定。

表 7.12　厂房矩形控制网允许误差

矩形网类型	厂房类别	主轴线矩形边长精度	主轴线交角允许差	矩形角允许差
根据主轴线测设的控制网	大型	1∶50 000,1∶30 000	±3″～±5″	±5″
单一矩形控制网	中型	1∶20 000		±7″
单一矩形控制网	小型	1∶10 000		±10″

7.3.2　柱子基础施工测量

1.柱基础定位

根据柱列中心线与矩形控制网的尺寸关系，从最近的距离指标桩量起，把柱列中心线——测设在矩形控制网的边线上，并打下木桩，以小钉表明点位，作为轴线控制桩，用于放样柱基，如图 7.22 所示。柱基测设时，应注意定位轴线不一定都是基础中心线。

2.基坑开挖边界线放样

用两架经纬仪安置在两条相互垂直的柱列轴线的轴线控制桩上，沿轴线方向交会出每一个柱基中心的位置。在柱列中心线方向上，离柱基开挖边界线 0.5～1 m 以外处各打四个定位小木桩，上面钉上小钉标明，作为中心线标志，供基坑开挖和立模之用，如图 7.22 所示。按柱基平面图和大样图所注尺寸，顾及基坑放坡宽度，放出基坑开挖边界，用白灰线标明基坑开挖范围。

3.基坑的高程测设

当基坑挖到一定深度时，要在基坑四壁距坑底设计高程 0.3～0.5 m 处设置几个水平桩（腰桩）作为基坑修坡和清底的高程依据。此外还应在基坑内测设垫层的标高，即在坑底设置小木桩，使桩顶高程恰好等于垫层的设计高程，如图 7.23(a)所示。

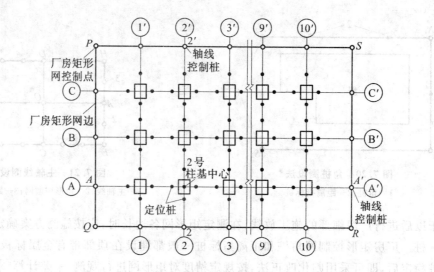

图 7.22 基础定位图

4.基础模板定位

打好垫层后,根据坑边定位小木桩,用拉线的方法,吊垂球把柱基定位线投到垫层上,如图 7.23(b)所示。用墨斗弹出墨线,用红漆画出标记,作为柱基立模板和布置钢筋的依据。立模板时,将模板底线对准垫层上的定位线,并用垂球检查模板是否竖直,最后将柱基顶面设计标高测设在模板内壁。拆模以后柱子杯形基础的形状如图 7.24 所示。根据柱列轴线控制桩,用经纬仪正倒镜分中法,把柱列中心线测设到杯口顶面上,弹出墨线。再用水准仪在杯口内壁四周各测设一个 -0.6 m 的标高线(或距杯底设计标高为整 dm 的标高线),用红漆画出"▼"标志,注明其标高数字,用以修整杯口内底部表面,使其达到设计标高。

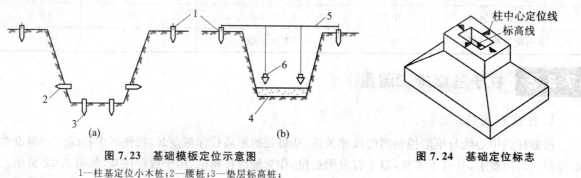

图 7.23 基础模板定位示意图
1—柱基定位小木桩;2—腰桩;3—垫层标高桩;
4—垫层;5—钢丝;6—垂球

图 7.24 基础定位标志

7.3.3 厂房柱子安装测量

1.柱子安装前的准备工作

首先,将每根柱子按轴线位置编号,并检查柱子尺寸是否满足设计要求。然后,在柱身的三个侧面用墨线弹出主中心线,每面在中心线上按上、中、下用红漆划出"▶"标志,以供校正时对照,如图 7.24 所示。最后,还要调整杯底标高。根据是:杯底标高加上柱底到牛腿的长度应等于牛腿面的设计标高,即

$$H_{面} = H_{底} + L$$

式中　$H_{面}$——牛腿面的设计标高;

　　　$H_{底}$——基础杯底的标高;

　　　L——柱底到牛腿面的设计长度。

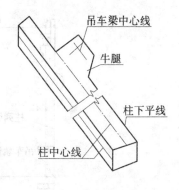

图 7.25 柱身定位标志

调整杯底标高的具体做法是：先根据牛腿设计标高，沿柱子上端中心线用钢尺量出一标高线，与杯口内壁上已测设的标高线相同，分别量出杯口内标高线至杯底的高度，与柱身上的标高线至柱底的高度进行比较，以确定找平厚度后修整杯底，使牛腿面标高符合设计要求，如图 7.25 所示。

2.柱子安装时的测量工作

预制钢筋混凝土柱插入杯口后，应使柱底部三面的中线与杯口上已画好的中线对齐，并用钢楔或木楔做临时固定，如有偏差可捶打木楔或钢楔将其拨正，容许误差为±5 mm。柱子立稳后，用水准仪检测±0.00 mm标高线是否符合设计要求，允许误差为±3 mm。

初步固定后即可进行柱子的垂直校正。如图 7.26 所示，在柱基的横中心线上，距柱子约 1.5 倍柱高处，安置两架经纬仪，先按照柱底中线，固定照准部，慢慢抬高望远镜，如柱身上的中线标志或所弹中心墨线偏离视线，表示柱子不垂直，可通过调节柱子拉绳或支撑、敲打楔子等方法使柱子垂直。柱子垂直度容许误差为：10 m 以内为±10 mm，10 m 以上为 $H/1\,000$（H 为柱高），且不大于 20 mm。满足要求后立即灌浆，以固定柱子位置。

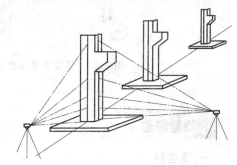

图 7.26 柱体的安装测量

在实际工作中，常把成排柱子都竖起来，然后进行校正。这时可把两台经纬仪分别安置在纵横轴线的一侧，偏离中线不得大于 3 m，安置一次仪器可校正几根柱子。对于变截面柱子，其柱身上的中心线标志或中心墨线不在同一平面上，则仪器必须安置在中心线上。

在进行柱子垂直校正时，应注意随时检查柱子中线是否对准杯口的柱中线标志，并要避免日照影响校正精度，校正工作宜在早晨或阴天进行。

7.3.4 吊车梁的安装测量

吊车梁安装时，测量工作的主要任务是使安置在柱子牛腿上的吊车梁的平面位置、顶面标高及梁端面中心线的垂直度均符合设计要求。

吊装之前应做好两个方面的准备工作：一是在吊车梁的顶面和两端面上弹出梁中心线；二是将吊车轨道中心线引测到牛腿面上，引测方法如图 7.27 所示。先在图纸上查出吊车轨道中心线与柱列轴线之间的距离 e，再分别依据 A 轴和 B 轴两端的控制桩，采用平移轴线的方法，在地面上测设出轨道中心线 $A'A''$ 和 $B'B''$。将经纬仪分别安置在 $A'A''$ 和 $B'B''$ 一端的控制点上，照准另一控制点，仰起望远镜，将轨道中心线测设到柱的牛腿面上，并弹出墨线。上述工作完成后可进行吊车梁的安装。

吊车梁被吊起并已接近牛腿面时，应进行梁端面中心线与牛腿面上的轨道中心线的对位，两线平齐后，将梁放置在牛腿上。如图 7.28 所示，平面定位完成后，应进行吊车梁顶面标高检查。检查时，先在柱子侧面测出一条±50 cm 的标高线，用钢尺自标高线起沿柱身向上量至吊车梁顶面，求得标高误差，由于安装柱子时，已根据牛腿顶面至柱底的实际长度对杯底标高进行了调整，因而吊车梁标高一般不会有较大的误差。另外还应吊垂球检查吊车梁端面中心线的垂直度。标高和垂直度存在的误差，可在梁底支座处加垫铁纠正。

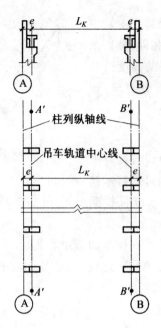

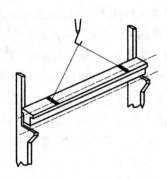

图 7.27　吊车安装示意图　　　　　　　图 7.28　吊车梁安装

一、填空题

1. 建筑物定位时,拟建建筑物与原建筑物相距 25 m,定位轴线时 240 mm 厚墙轴线居中,则定位距离为_____。

2. 建筑物的放线方法有_____和_____。

3. 龙门板标高测定的容许误差一般为_____。轴线投点容许误差为_____。

4. 基础垫层上轴线的投测方法有_____和_____。

二、名词解释

1. 建筑物的定位测量

2. 施工放线

3. 轴线控制桩

三、简答题

1. 民用建筑施工测量主要包括哪些工作?

2. 建筑物墙体的各部分标高如何控制?

A、B 为建筑场地已有控制点,已知 $\alpha_{AB} = 300°04'00''$,$A$ 点的坐标为(14.22 m,86.71 m);P 点为待测设点,其设计坐标为(42.34 m,85.00 m),试计算用极坐标法从 A 点测设 P 点所需的测设数据,并说明测设步骤。

项目 **8** 建筑物变形观测与竣工测量

项目 目标 >>>>>>>

【知识目标】

1. 了解变形观测的基本原理；
2. 了解碎部测量的基本工作；
3. 掌握沉降观测、倾斜观测、水平位移观测的基本方法与步骤。

【技能目标】

1. 能够根据工程情况初步制订变形观测内容及要求；
2. 能够利用全站仪进行坐标采集。

【课时建议】

6 课时

8.1 建筑物变形测量

受客观因素影响,如地质条件、土壤性质、地下水位、大气温度等,建筑物随时间发生的垂直升降、水平位移、挠曲、倾斜、裂缝等统称为变形。为保证建设过程及使用过程中建筑物的安全,对建筑物及其周边环境的稳定性进行观测,称之为建筑物的变形观测。

8.1.1 变形测量方案设计

1.基本要求

变形测量工作开始前,应收集相关的地质和水文资料及工程设计图纸,根据变形体的特点、变形类型、测量目的、任务要求以及测区条件进行施测方案设计,确定变形测量的内容、精度级别、基准点与变形点布设方案、观测周期、观察方法和仪器设备、数据处理分析方法、提交变形成果内容等,编写技术设计书或施测方案。

变形测量的平面坐标系统和高程系统一般应采用国家平面坐标系统和高程系统或所在地方使用的平面坐标系统和高程系统,但也可采用独立系统。当采用独立系统时,**必须在技术设计书和技术报告书中明确说明**。

变形观测周期的确定应以能反应系统所测变形体的变化过程,并综合考虑单位时间内变形量的大小、变形特征、观测精度要求及外界因素影响情况。

对高精度变形监测网,应该同时顾及精度、可靠性、灵敏度及费用准则进行监测网的优化设计,以确定可靠和经济合理的观测方案。

在变形测量过程中,当出现下列情况之一时,应即刻通知工程建设单位和施工单位采取相应的措施:

①变形量达到预警值或接近极限值。

②变形量或变形速率出现异常变化。

③变形体、周边建(构)筑物及地表出现异常,如裂缝快速扩大等。

2.变形测量等级及精度要求

变形测量的等级与精度取决于变形体设计时允许的变形值的大小和进行变形测量的目的。目前一般认为,如果观测目的是为了使变形值不超过某一允许的数值从而确保建筑物的安全,则其观测的中误差应小于允许变形值的 $1/10 \sim 1/20$;如果观测的目的是为了研究其变形过程,则其观测精度还应更高。现行国家标准《工程测量规范》(GB 50026—2007)规定的变形等级和精度要求见 8.1。

表8.1 变形监测的等级划分及精度要求

等级	垂直位移监测		水平位移监测	适用范围
	变形观测点的高程中误差/mm	相邻变形观测点的高差中误差/mm	变形观测点的点位中误差/mm	
一等	0.3	0.1	1.5	变形特别敏感的高层建筑、高耸构筑物、工业建筑、重要古建筑、精密工程设施、特大型桥梁、大型直立岩体、大型坝区地壳变形监测等

续表 8.1

| 等级 | 垂直位移监测 | | 水平位移监测 | 适用范围 |
	变形观测点的 高程中误差/mm	相邻变形观测点的 高差中误差/mm	变形观测点的 点位中误差/mm	
二等	0.5	0.3	3.0	变形比较敏感的高层建筑、高耸构筑物、工业建筑、古建筑、特大型和大型桥梁、大中型坝体、直立岩体、高边坡、重要工程设施、重大地下工程、危害性较大的滑坡监测等
三等	1.0	0.5	6.0	一般性的高层建筑、多层建筑、工业建筑、高耸构筑物、直立岩体、高边坡、深基坑、一般地下工程、危害性一般的滑坡监测、大型桥梁等
四等	2.0	1.0	12.0	观测精度要求较低的建(构)筑物、普通滑坡监测、中小型桥梁等

变形观测的主要内容包括沉降观测、倾斜观测、位移观测等。

变形观测的特点:①观测精度高;②重复观测量大;③数据处理严密。

当建筑变形观测过程中发生下列情况之一时,必须立即报告委托方,同时应及时增加观测次数或调整变形测量方案:

①变形量或变形速率出现异常变化。

②变形量达到或超出预警值。

③周边或开挖面出现塌陷、滑坡。

④建筑本身、周边建筑及地表出现异常。

⑤由于地震、暴雨、冻融等自然灾害引起的其他变形异常情况。

3.变形测量网点的布设

变形监测网点,一般分为基准点、工作基点和变形观测点三种。

(1)基准点

基准点是变形测量的基准,应选在变形影响区域之外稳固可靠的位置。每个工程至少应有三个基准点。大型的工程项目,其水平位移基准点应采用观测墩,垂直位移观测点宜采用双金属标或钢管标。

(2)工作基点

工作基点在一周期的变形测量过程中应保持稳定,可选在比较稳定且方便使用的位置。设立在大型工程施工区域内的水平位移监测工作基点宜采用观测墩,垂直位移监测工作基点可采用钢管标。对通视条件较好的小型工程,可不设立工作基点,在基准点上直接测定变形观测点。

(3)变形观测点

变形观测点是布设在变形体的地基、基础、场地及上部结构的敏感位置上能反映其变形特征的测量点,亦称变形点。

8.1.2　建筑沉降观测

本节主要针对建筑物的沉降观测进行介绍,需要注意的是,在表8.1中变形点的高程中误差和点位中误差,系相对于邻近基准点而言的。当水平位移变形测量用坐标向量表示时,向量中误差为表中相应等级点位中误差的 $1/\sqrt{2}$ 倍。对于变形体是建筑物的情况,根据现行《建筑变形测量规范》(JGJ 8—2007),变形测量的等级、精度指标及其使用范围见表 8.2。

表 8.2　建筑变形测量的等级、精度指标及其适用范围

变形测量级别	沉降观测 观测点测站高差中误差/mm	位移观测 观测点坐标中误差/mm	适用范围
特级	±0.05	±0.3	特高精度要求的特种精密工程的变形测量
一级	±0.15	±1.0	地基基础设计为甲级的建筑的变形测量;重要的古建筑和特大型市政桥梁变形测量等
二级	±0.5	±3.0	地基基础设计为甲、乙级的建筑的变形测量;场地滑坡测量;重要管线的变形测量;地下工程施工及运营中变形测量;大型市政桥梁变形测量等
三级	±1.5	±10.0	地基基础设计为乙、丙级的建筑的变形测量;地表、道路及一般管线的变形测量;中小型市政桥梁变形测量等

建筑沉降观测应测定建筑及地基的沉降量、沉降差及沉降速度,并根据需要计算基础倾斜、局部倾斜、相对弯曲及构件倾斜。

1.高程基准点和观测点的布设

(1)高程基准点和工作基点的布设

特级沉降观测的高程基准点数不应少于四个;其他级别沉降观测的高程基准点数不应少于三个。高程工作基点可根据需要设置。基准点和工作基点应形成闭合环或形成由附合路线构成的结点网。

高程基准点和工作基点位置的选择应符合下列规定:

①高程基准点和工作基点应避开交通干道主路、地下管线、仓库堆栈、水源地、河岸、松软填土、滑坡地段、机器振动区以及其他可能使标石、标志易遭腐蚀和破坏的地方。

②高程基准点应选设在变形影响范围以外且稳定、易于长期保存的地方。在建筑区内,其点位与邻近建筑的距离应大于建筑基础最大宽度的 2 倍,其标石埋深应大于邻近建筑基础的深度。高程基准点也可选择在基础深且稳定的建筑上。

技 术 点 睛......................

高程控制测量宜使用水准测量的方法。对于二、三级沉降观测的高程控制测量,当不便使用水准测量时,可使用电磁波测距三角高程测量方法。

....

③高程基准点、工作基点之间宜便于进行水准测量。当使用电磁波测距三角高程测量方法进行观测时,宜使各点周围的地形条件一致。当使用静力水准测量方法进行沉降观测时,用于连测观测点的工作基点宜与沉降观测点设在同一高程面上,偏差不应超过±1 cm。当不能满足这一要求时,应设置上下高程不同但位置垂直对应的辅助点传递高程。

(2)观测点的布设。沉降观测点的布设应能全面反映建筑及地基变形特征,并顾及地质情况及建筑结构特点。点位宜选设在下列位置:

①建筑的四角、核心筒四角、大转角处及沿外墙每 10～20 m 处或每隔 2～3 根柱基上。

②高低层建筑、新旧建筑、纵横墙等交接处的两侧。

③建筑裂缝、后浇带和沉降缝两侧、基础埋深相差悬殊处、人工地基与天然地基接壤处、不同结构的分界处及填挖方分界处。

④对于宽度大于等于 15 m 或小于 15 m 而地质复杂以及膨胀土地区的建筑,应在承重内隔墙中部设内墙点,并在室内地面中心及四周设地面点。

⑤邻近堆置重物处、受振动有显著影响的部位及基础下的暗浜(沟)处。

⑥框架结构建筑的每个或部分柱基上**或沿纵横轴线上**。

⑦筏形基础、**箱形基础**底板或接近基础的结构部分之四角处及其中部位置。

⑧重型设备基础和动力设备基础的四角、基础形式或埋深改变处以及地质条件变化处两侧。

⑨对于电视塔、烟囱、水塔、油罐、炼油塔、高炉等高耸建筑,应设在沿周边与基础轴线相交的对称位置上,点数不少于 4 个。

沉降观测点标志如图 8.1 所示,图中单位 mm。

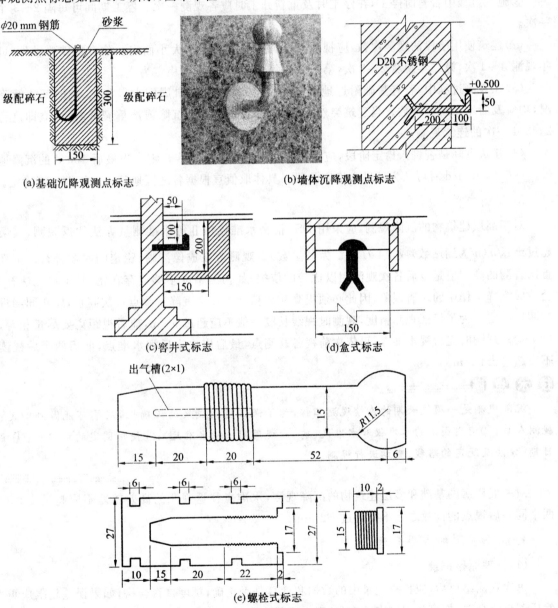

图 8.1 沉降观测点示意图

2.沉降观测的时间和次数

沉降观测的周期和观测时间应按下列要求并结合实际情况确定。

(1)建筑施工阶段的观测应符合下列规定：

①普通建筑可在基础完工后或地下室砌完后开始观测,大型、高层建筑可在基础垫层或基础底部完成后开始观测。

②观测次数与间隔时间应视地基与加荷情况而定。民用高层建筑可每加高1~5层观测一次,工业建筑可按回填基坑、安装柱子和屋架、砌筑墙体、设备安装等不同施工阶段分别进行观测。若建筑施工均匀增高,应至少在增加荷载的25%、50%、75%和100%时各测一次。

③施工过程中若暂时停工,在停工时及重新开工时应各观测一次。停工期间可每隔2~3个月观测一次。

(2)建筑使用阶段的观测次数,应视地基土类型和沉降速率大小而定。除有特殊要求外,可在第一年观测3~4次,第二年观测2~3次,第三年后每年观测1次,至稳定为止。

(3)在观测过程中,若有基础附近地面荷载突然增减、基础口周围大量积水、长时间连续降雨等情况,均应及时增加观测次数。当建筑突然发生大量沉降、不均匀沉降或严重裂缝时,应立即进行逐日或2~3 d一次的连续观测。

(4)建筑沉降是否进入稳定阶段,应由沉降量与时间关系曲线判定。当最后100 d的沉降速率小于0.01~0.04 mm/d时可认为已进入稳定阶段。具体取值宜根据各地区地基土的压缩性能确定。

3.观测方法

对于高层建筑物的沉降观测,应采用DS_1精密水准仪用Ⅱ等水准测量方法往返观测,其误差不应超过$\pm1\sqrt{n}$(n为测站数)或$\pm4\sqrt{L}$(L为公里数)。观测应在成像清晰、稳定的时候进行。沉降观测点首次观测的高程值是以后各次观测用以比较的依据,如初测精度不够或存在错误,不仅无法补测,而且会造成沉降工作中的矛盾现象,因此必须提高初测精度。每个沉降观测点首次高程,应在同期进行两次观测后决定。为了保证观测精度,观测时视线长度一般不应超过50 m,前后视距离要尽量相等,可用皮尺丈量。观测时先后视水准点,再依次前视各观测点,最后应再次后视水准点,前后两个后视读数之差不应超过±1 mm。

技术点睛

沉降观测是一项较长期的连续观测工作,为了保证观测成果的正确性,应尽可能做到四定:①固定观测人员;②使用固定的水准仪和水准尺(前、后视用同一根水准尺);③使用固定的水准点;④按规定的日期、方法及既定的路线、测站进行观测。

对一般厂房的基础和多层建筑物的沉降观测,水准点往返观测的高差较差不应超过±2 mm,前后两个同一后视点的读数之差不得超过±2 mm。

4.沉降观测的成果整理

(1)整理原始记录

每次观测结束后,应检查记录中的数据和计算是否正确,精度是否合格,如果误差超限应重新观测。然后调整闭合差,推算各观测点的高程,列入成果表中。

(2)计算沉降量

根据各观测点本次所观测高程与上次所观测高程之差,计算各观测点本次沉降量和累计沉降量,并将观测日期和荷载情况记入观测成果表中,见表8.3。

表 8.3 沉降观测记录簿

工程名称:办公楼

| 观测次数 | 观测日期(年月日) | 各观测点的沉降情况 | | | | | | ... | 工程施工进度情况 | 荷载情况/10^4 Pa |
| | | 1 | | | 2 | | | | | |
		高程/mm	本次下沉/mm	累计下沉/mm	高程/mm	本次下沉/mm	累计下沉/mm			
1	1988.7.15	30.126	±0	±0	30.124	±0	±0	...	浇灌	
2	7.30	30.124	−2	−2	30.122	−2	−2		底层楼板	3.5
3	8.15	30.121	−3	−5	30.119	−3	−5			
4	9.1	30.120	−1	−6	30.118	−1	−6		浇灌	
5	9.29	30.118	−2	−8	30.115	−3	−9		一楼楼板	5.5
6	10.30	30.117	−1	−9	30.114	−1	−10			
7	12.3	30.116	−1	−10	30.113	−1	−11		浇灌	
8	1989.1.2	30.116	±0	−10	30.112	−1	−12		二楼楼板	7.5
9	3.1	30.115	−1	−11	30.110	−2	−14			
10	6.4	30.114	−1	−12	30.108	−2	−16		屋架上瓦	9.5
11	9.1	30.114	±0	−12	30.108	±0	−16			
12	12.2	30.114	±0	−12	30.108	±0	−16		竣工	12.0
备注	此栏应说明如下事项:①绘制点位草图;②水准点编号与高程;③基础底面土壤;④沉降观测路线等。									

(3)绘制沉降曲线

为了更清楚地表示沉降量、荷载、时间三者之间的关系,还要画出各观测点的时间与沉降量关系曲线图以及时间与荷载关系曲线图。

时间与沉降量的关系曲线是以沉降量 S 为纵轴,时间 t 为横轴,根据每次观测日期和相应的沉降量按比例画出各点位置,然后将各点依次连接起来,并在曲线一端注明观测点号码。

时间与荷载的关系曲线是以荷载重量 P 为纵轴,时间为横轴,根据每次观测日期和相应的荷载画出各点,然后将各点依次连接起来。

(4)沉降观测应提交的资料

①工程平面位置图及基准点分布图。

②沉降观测点位分布图。

③沉降观测成果表。

④时间—荷载—沉降量曲线图(图 8.2)。

⑤等沉降曲线图(图 8.3)。

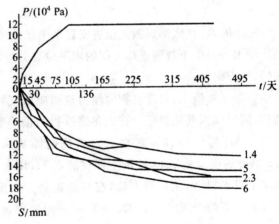

图 8.2 某建筑时间—荷载—沉降量曲线图

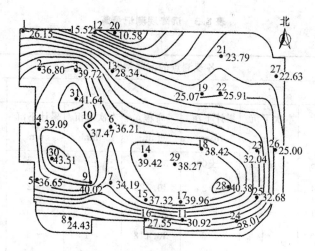

图 8.3　某建筑等沉降曲线图

8.1.3　建筑物倾斜观测

建筑主体倾斜观测应测定建筑顶部观测点相对于底部固定点或上层相对于下层观测点的倾斜度、倾斜方向及倾斜速率。刚性建筑的整体倾斜，可通过测量顶面或基础的差异沉降来间接确定。

主体倾斜观测点和测站点的布设应符合下列要求：

①当从建筑外部观测时，测站点的点位应选在与倾斜方向成正交的方向线上距照准目标 1.5～2.0 倍目标高度的固定位置。当利用建筑内部竖向通道观测时，可将通道底部中心点作为测站点。

②对于整体倾斜，观测点及底部固定点应沿着对应测站点的建筑主体竖直线，在顶部和底部上下对应布设；对于分层倾斜，应按分层部位上下对应布设。

③按前方交会法布设的测站点，基线端点的选设应顾及测距或长度丈量的要求。按方向线水平角法布设的测站点，应设置好定向点。

当从建筑或构件的外部观测主体倾斜时，宜选用下列经纬仪观测法。

1. 投点法

观测时，应在底部观测点位置安置水平读数尺等量测设施。在每测站安置经纬仪投影时，应按正倒镜法测出每对上下观测点标志间的水平位移分量，再按矢量相加法求得水平位移值（倾斜量）和位移方向（倾斜方向）。

如图 8.4 所示，对建筑物的倾斜观测应取互相垂直的两个墙面，同时观测其倾斜度。首先在建筑物的顶部墙上设置观测标志点 M，将经纬仪安置在离建筑物的距离大于其高度的 1.5 倍处的固定测站上，瞄准上部观测点 M，用盘左、盘右分中法向下投点得 N，用同样方法，在与原观测方向垂直的另一方向设置上下两个观测点 P、Q。相隔一定时间再观测，分别瞄准上部观测点 M 与 P 向下投点得 N' 与 Q'，如 N' 与 N、Q' 与 Q 不重合，说明建筑物产生倾斜。用尺量得 $NN' = \Delta B$、$QQ' = \Delta Ab$。

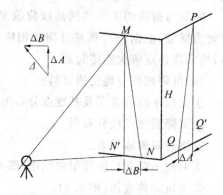

图 8.4　倾斜观测示意图

建筑物的总倾斜位移量为

$$\Delta = \sqrt{\Delta A^2 + \Delta B^2} \qquad (8.1)$$

建筑物的总倾斜度为

$$i = \frac{\Delta}{H} = \tan \alpha \tag{8.2}$$

2. 测水平角法

对塔形、圆形建筑或构件,每测站的观测应以定向点作为零方向,测出各观测点的方向值和至底部中心的距离,计算顶部中心相对底部中心的水平位移分量。对矩形建筑,可在每测站直接观测顶部观测点与底部观测点之间的夹角或上层观测点与下层观测点之间的夹角,以所测角值与距离值计算整体的或分层的水平位移分量和位移方向。

对圆形建(构)筑物的倾斜观测,是在互相垂直的两个方向上,测定其顶部中心对底部中心的偏移值。具体观测方法如下:

① 如图 8.5(a)所示,在烟囱底部横放一根标尺,在标尺中垂线方向上,安置经纬仪,经纬仪到烟囱的距离为烟囱高度的 1.5 倍。

② 用望远镜将烟囱顶部边缘两点 A、A' 及底部边缘两点 B、B' 分别投到标尺上,得读数为 y_1、y_1' 及 y_2、y_2',如图 8.5(b)所示。烟囱顶部中心 O 对底部中心 O' 在 y 方向上的偏移值 Δy 为

$$\Delta y = \frac{y_1 + y_1'}{2} - \frac{y_2 + y_2'}{2} \tag{8.3}$$

③ 用同样的方法,可测得在 x 方向上,顶部中心 O 的偏移值 Δx 为

$$\Delta x = \frac{x_1 + x_1'}{2} - \frac{x_2 + x_2'}{2} \tag{8.4}$$

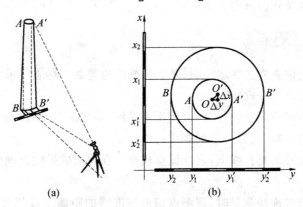

(a)　　　　(b)

图 8.5　圆形建(构)筑物的倾斜观测

3. 前方交会法

所选基线应与观测点组成最佳构形,交会角宜在 $60° \sim 120°$ 之间。水平位移计算,可采用直接由两周期观测方向值之差解算坐标变化量的方向差交会法,亦可采用按每周期计算观测点坐标值,再以坐标差计算水平位移的方法。

当利用建筑或构件的顶部与底部之间的竖向通视条件进行主体倾斜观测时,宜选用下列观测方法:

(1)激光铅直仪观测法

应在顶部适当位置安置接收靶,在其垂线下的地面或地板上安置激光铅直仪或激光经纬仪,按一定周期观测,在接收靶上直接读取或量出顶部的水平位移量和位移方向。作业中仪器应严格置平、对中,应旋转 180° 观测两次取其中数。对超高层建筑,当仪器设在楼体内部时,应考虑大气湍流影响。

(2)激光位移计自动记录法

位移计宜安置在建筑底层或地下室地板上,接收装置可设在顶层或需要观测的楼层,激光通道可利用未使用的电梯井或楼梯间隔,测试室宜选在靠近顶部的楼层内。当位移计发射激光时,从测试室的光

线示波器上可直接获取位移图像及有关参数，并自动记录成果。

（3）正、倒垂线法

垂线宜选用直径 0.6～1.2 mm 的不锈钢丝或因瓦丝，并采用无缝钢管保护。采用正垂线法时，垂线上端可锚固在通道顶部或所需高度处设置的支点上。采用倒垂线法时，垂线下端可固定在锚块上，上端设浮筒。用来稳定重锤、浮子的油箱中应装有阻尼液。观测时，由观测墩上安置的坐标仪、光学垂线仪、电感式垂线仪等量测设备，按一定周期测出各测点的水平位移量。

（4）吊垂球法

应在顶部或所需高度处的观测点位置上，直接或支出一点悬挂适当重量的垂球，在垂线下的底部固定毫米格网读数板等读数设备，直接读取或量出上部观测点相对底部观测点的水平位移量和位移方向。

当利用相对沉降量间接确定建筑整体倾斜时，可选用下列方法：

（1）倾斜仪测记法

可采用水管式倾斜仪、水平摆倾斜仪、气泡倾斜仪或电子倾斜仪进行观测。倾斜仪应具有连续读数、自动记录和数字传输的功能。监测建筑上部层面倾斜时，仪器可安置在建筑顶层或需要观测的楼层的楼板上。监测基础倾斜时，仪器可安置在基础面上，以所测楼层或基础面的水平倾角变化值反映和分析建筑倾斜的变化程度。

（2）测定基础沉降差法

可按建筑沉降观测有关规定，在基础上选设观测点，采用水准测量方法，以所测各周期基础的沉降差换算求得建筑整体倾斜度及倾斜方向。

8.1.4 建筑物位移观测

建筑水平位移观测点的位置应选在墙角、柱基及裂缝两边等处。标志可采用墙上标志，具体形式及其埋设应根据点位条件和观测要求确定。

当测量地面观测点在特定方向的位移时，可使用视准线、激光准直、测边角等方法。

当采用视准线法测定位移时，应符合下列规定：

①在视准线两端各自向外的延长线上，宜埋设检核点。在观测成果的处理中，应顾及视准线端点的偏差改正。

②采用活动觇牌法进行视准线测量时，观测点偏离视准线的距离不应超过活动觇牌读数尺的读数范围。应在视准线一端安置经纬仪或视准仪，瞄准安置在另一端的固定觇牌进行定向，待活动觇牌的照准标志正好移至方向线上时读数。每个观测点应按确定的测回数进行往测与返测。

③采用小角法进行视准线测量时，视准线应按平行于待测建筑边线布置，观测点偏离视准线的偏角不应超过 30″。偏离值 d（图 8.6）可按下式计算：

$$d = \alpha/\rho \cdot D \tag{8.5}$$

式中　α——偏角(″)；

　　　D——从观测端点到观测点的距离(m)；

　　　ρ——常数，其值为 206 265″。

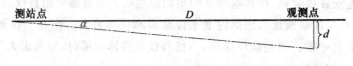

图 8.6　偏离值 d

当采用激光准直法测定位移时,应符合下列规定:

①使用激光经纬仪准直法时,当要求具有 $10^{-5} \sim 10^{-4}$ 量级准直精度时,可采用 DJ2 型仪器配置氦—氖激光器或半导体激光器的激光经纬仪及光电探测器或目测有机玻璃方格网板;当要求达 10^{-6} 量级精度时,可采用 DJ_1 型仪器配置高稳定性氦—氖激光器或半导体激光器的激光经纬仪及高精度光电探测系统。

②对于较长距离的高精度准直,可采用三点式激光衍射准直系统或衍射频谱成像及投影成像激光准直系统。对短距离的高精度准直,可采用衍射式激光准直仪或连续成像衍射板准直仪。

③激光仪器在使用前必须进行检校,仪器射出的激光束轴线、发射系统轴线和望远镜照准轴应三者重合,观测目标与最小激光斑应重合。

测量观测点任意方向位移时,可视观测点的分布情况,采用前方交会或方向差交会及极坐标等方法。单个建筑亦可采用直接量测位移分量的方向线法,在建筑纵、横轴线的相邻延长线上设置固定方向线,定期测出基础的纵向和横向位移。

对于观测内容较多的大测区或观测点远离稳定地区的测区,宜采用测角、测边、边角及 GPS 与基准线法相结合的综合测量方法。

8.1.5　裂缝观测

裂缝观测应测定建筑上的裂缝分布位置和裂缝的走向、长度、宽度及其变化情况。

对需要观测的裂缝应统一进行编号。每条裂缝应至少布设两组观测标志,其中一组应在裂缝的最宽处,另一组应在裂缝的末端。每组应使用两个对应的标志,分别设在裂缝的两侧。

裂缝观测标志应具有可供量测的明晰端面或中心。长期观测时,可采用镶嵌或埋入墙面的金属标志、金属杆标志或楔形板标志;短期观测时,可采用油漆平行线标志或用建筑胶粘贴的金属片标志。当需要测出裂缝纵横向变化值时,可采用坐标方格网板标志。使用专用仪器设备观测的标志,可按具体要求另行设计。

如图 8.7 所示,用两块白铁皮,一片取 150 mm×150 mm 的正方形,固定在裂缝的一侧。另一片为 50 mm×200 mm 的矩形,固定在裂缝的另一侧,使两块白铁皮的边缘相互平行,并使其中的一部分重叠。在两块白铁皮的表面,涂上红色油漆。如果裂缝继续发展,两块白铁皮将逐渐拉开,露出正方形上原被覆盖没有油漆的部分,其宽度即为裂缝加大的宽度,可用尺子量出。

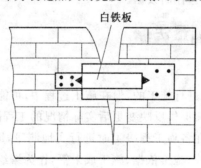

图 8.7　建筑物的裂缝观测

对于数量少、量测方便的裂缝,可根据标志形式的不同分别采用比例尺、小钢尺或游标卡尺等工具定期量出标志间距离求得裂缝变化值,或用方格网板定期读取"坐标差"计算裂缝变化值;对于大面积且不便于人工量测的众多裂缝宜采用交会测量或近景摄影测量方法。

技术点睛

需要连续监测裂缝变化时,可采用测缝计或传感器自动测记方法观测。

8.2 竣工测量

8.2.1 全站仪坐标采集

坐标采集就是通过输入同一坐标系中测站点和定向点的坐标,可以测量出多个未知点(棱镜点)的坐标,从而绘制成图。测量原理如图 8.8 所示。

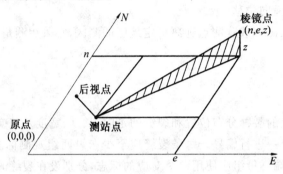

图 8.8 全站仪测量原理

操作步骤如下:

①选择数据采集文件。使其所采集数据存储在该文件中。

②选择坐标数据文件。可进行测站坐标数据及后视坐标数据调用(当无需调用已知点坐标数据时,可省略此步骤)。

③置测站点。包括仪器高和测站点号及坐标。

④置后视点。通过测量后视点进行定向,确定方位角。

⑤置待测点的棱镜高,开始采集,存储数据。

8.2.2 竣工测量(碎部测量法)

1.竣工测量基本方法

各种工程建设是根据设计图纸进行施工的,但在施工过程中,可能会出现在设计时未预料到的问题导致设计变更。在竣工验收时,必须提供反映变更后实际情况的工程图纸,即竣工总平面图。

为了编绘竣工总平面图,需要在各项工程竣工时进行实地测量,即竣工测量。竣工测量完成后,应及时提交完整的资料,包括工程名称、施工依据、施工成果等,作为编绘竣工总平面图的依据。

对不同工程,竣工测量工作的主要内容如下:

①对于一般建筑物及工业厂房,应测量房角坐标、室外高程、房屋的编号、结构层数、面积和竣工时间、各种管线进出口的位置及高程。

②对于铁路和公路,应测量起止点、转折点、交叉点的坐标、道路曲线元素及挡土墙、桥涵等构筑物的位置、高程等。

③对地下管线工程,要测量管线的检查井、转折点的坐标及井盖、井底、沟槽和管顶等的高程,并附

注管道及检查井或附属构筑物的编号、名称、管径、管材、间距、坡度及流向等。

④对架空管线,应测量管线的转折点、起止点、交叉点的坐标,支架间距,支架标高,基础面高程等。

⑤对特种构筑物,要测量沉淀池、烟囱、煤气罐等及其附属构筑物的外形和四角坐标,圆形构筑物的中心坐标,基础标高,构筑物高度,沉淀池深度等。

⑥对围墙或绿化区等,要测量围墙拐角点坐标,绿化区边界以及一些不同专业需要反映的设施和内容。

2. 运用数字测图方法进行竣工测量

数字化测图与传统的白纸测图的野外作业过程基本相同,都是先控制测量,后碎部测量,先整体后局部。碎部测量都是在图根点设站,地形、地物特征点都要跑点或立镜,但是由于数字化测图中,测绘仪器及内业处理手段先进,因此,在某些测量方法上有一些改进,以更大限度地发挥数字化测图的优势,提高工作效率。数字测图当然可以采用先控制后碎部的作业步骤,但考虑到数字测图的特点,图根控制测量和碎部测量可同步进行,称为"一步测量法"或"一步法"测量。

(1)控制测量数据采集

大比例尺地面数字测图的控制与传统的白纸测图控制相比有其明显的不同:

①打破了分级布网、逐级控制的原则,一般一个测区一次性整体布网、整体平差,所需的少量已知控制点可以用 GPS 确定,这就保证了测区各控制点精度比较均匀。

②由于目前与大比例尺数字测图系统相配套的都有一套地面控制测量数据采集与处理一体化自动系统,从而使得地面控制的数据采集、预处理(包括测站平差与粗差检核,近似坐标自动推算、概算等)、平差、精度评定与分析、成果输出与管理等全部实现了一体化和自动化。控制网的网形可以是任意混合,如测边网、测角网、边角网、导线网等。

③测图控制点的密度与传统白纸测图相比可以大大减少,图根控制的加密可以与碎部测量同时进行。

在这里主要介绍 EPSW 中提出并编程实现的"一步测量法",即在图根导线选点、埋桩以后,图根导线测量和碎部测量同时进行。在一个测站上,先测导线的数据(角度、边长等),紧接着在该测站进行碎部测量。"一步测量法"也同时满足现场实时成图的需要。

现以附合导线为例加以说明:图 8.9 中,J、K、Q、T 为已知点,m、n、o、p 为图根点,1、2、3⋯为碎部点,其作业步骤为:

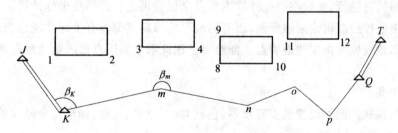

图 8.9　导线实例

①全站仪安置于 K 点(坐标已知),后视 J 点,前视 m 点,测得水平角 β_K 及前视天顶距、斜距和觇标高。由 K 点坐标即可算得 m 点的坐标(x_m, y_m, z_m)。

②仪器不动,后视 J 点作为零方向,施测 K 测站周围的碎部点 1、2、3⋯,并根据 K 点坐标,算得各碎部点的坐标。根据碎部点的坐标、编码及连接信息,显示屏上实时展绘碎部点并连接成图。

③仪器搬至 m 点,此测站点坐标已知(x_m, y_m, z_m),后视 K 点,测得水平角及前视天顶距、斜距和觇标高,可算得 n 点坐标(x_n, y_n, z_n)。紧接着后视 K 点作为零方向,进行本站的碎部测量,如施测碎部点

8、9、10…,并根据 m 点的坐标,算得各碎部点坐标,实时展绘碎部点成图。同理,依次测得各导线点和碎部点坐标。"一步测量法"的步骤归结为:先在已知坐标的控制点上设测站,在该测站上先测出下一导线点(图根点)的坐标,然后再施测本测站的碎部点坐标,并可实时展点绘图。搬到下一测站,其坐标已知,测出下一导线点的坐标,再测本站碎部点……

④待导线测到 p 测站,可测得 Q 点坐标,记作 Q' 点。Q' 坐标与 Q 点已知坐标之差,即为该附合导线的闭合差。若闭合差在限差范围之内,则可平差计算出各导线点的坐标。为提高测图精度,可根据平差后的坐标值,重新计算各碎部点的坐标,称碎部坐标重算(EPSW 备有坐标重算功能),然后再显示成图。若闭合差超限,则想办法查找出导线错误之处,返工重测,直至闭合为止。但这个返工工作量仅限于图根点的返工,而碎部点原始测量的数据仍可利用,闭合后,重算碎部即可。

"一步测量法"对图根控制测量少设一次站,少跑一遍路,可明显提高外业工作效率,但它只适合于数字测图。白纸测图时,必须先计算出图根控制点坐标,并展绘到图纸上。因为在现场,要根据它才能展绘碎部点成图。如果导线点位置错了,本站所展的碎部点图就全部错了。一旦画错,要全部擦除,甚至返工重测,这个工作量太大。数字测图则不然,导线闭合差超限,只需重测导线错误处,且全站仪数字测图出错的可能性很小,因而在数字测图中采用"一步测量法"是合适的。

(2)碎部测量数据采集

大比例尺地面数字测图与白纸测图相比,在碎部测量方面有以下特点:

①白纸测图通常是在外业直接成图,除在 1:500 的地形图上对重要建筑物轮廓点注记坐标外,其余碎部点坐标是不保留的。外业工作除观测数据外,地形图的现场绘制、清绘工作量也较重。数字测图的外业工作是记录观测数据或计算的坐标。在记录中,点的编号和编码是不可缺少的信息,编码的记录可在观测时输入记录器或在内业根据草图输入。数字测图对于数据的记录有一定的格式,这种格式应能被数字测图软件所识别,能和数据库的建立统一起来。

②数字测图中,电子记录器多数具有测站点坐标计算的功能,可进行自由设站。同时测距仪在几百米距离内测距精度较高,可达 1 cm。因此,一般地图图根点的密度相对于白纸测图的要求可减少。碎部测量时可较多地应用自由设站方法建立测站点。

③碎部测量时不受图幅边界的限制,外业不再分幅作业,内业图形生成时由软件根据内业图幅分幅表及坐标范围自动进行分幅和接边处理。

④白纸测图是在图根加密后进行碎部测量。数字测图的碎部测量可在图根控制加密后进行,也可在图根控制点观测同时进行,然后在内业计算图根点坐标后再进行碎部点坐标计算。

⑤数字测图由数控绘图机绘制地形图,所有的地形轮廓转点都要有坐标才能绘出地物的轮廓线来。对必须表示的细部地貌也要按实测地貌点才能绘出。因此数字测图直接测量地形点的数目比白纸测图会有所增加。

碎部测量的步骤:

①测站设置与检核。测站设置及安置仪器,包括对中、整平、定向,如果是全站仪的话要输入测站点的坐标、高程和仪器高等。

有的测图软件本身具有测站设置功能,要求用户在对话框中输入测站点号、后视点号以及安置仪器的高度,程序自动提取测站点及后视点的坐标,并反算后视方向的方位角。

为确保设站正确,必须要选择其他已知点做检核,不通过检核不能继续测量。

②碎部点测量。地面数字测图最常用的碎部测量方法是极坐标法,分别观测碎部点的方向值、垂直角、斜距、给出镜高(对全站仪来讲,可直接显示出碎部点的坐标),此时用户输入点号和编码后,数据可直接存储在全站仪的 PC 卡中,或直接传输给便携机(电子平板测图),或记录到电子手簿等记录器中。

基础同步

一、填空题

1.变形观测的主要内容包括_____、_____、_____等。

2.变形观测的特点：_____；_____；_____。

3.当从建筑或构件的外部观测主体倾斜时,宜选用下列经纬仪观测法：_____、_____、_____。

4.当利用建筑或构件的顶部与底部之间的竖向通视条件进行主体倾斜观测时,宜选用下列观测方法：_____、_____、_____、_____。

二、判断题

1.沉降变形量或变形速率出现异常变化,应增加观测次数或调整方案。　　　　　　　（　　）

2.对建筑物的倾斜观测应取互相垂直的两个墙面,同时观测其倾斜度。　　　　　　（　　）

3.建筑水平位移观测点的位置应选在墙角、柱基及裂缝两边等处。　　　　　　　　（　　）

4."一步测量法"适合于各种方法测图。　　　　　　　　　　　　　　　　　　　　（　　）

三、简答题

1.高程基准点和工作基点位置的选择应符合哪些规定?

2.进行沉降观测时,为什么要保持仪器、观测人员和观测线路不变?

3.如何进行建筑物的沉降观测、位移观测、裂缝观测?

4.试述使用全站仪进行坐标采集的一般步骤。

5.什么是竣工测量? 各种工程竣工测量的主要内容有哪些?

参考文献

[1] 胡勇,李莲.建筑工程测量[M].哈尔滨:哈尔滨工业大学出版社,2012.

[2] 李生平.建筑工程测量[M].北京:高等教育出版社,2007.

[3] 梁浚淇.测量学[M].北京:中央广播电视大学出版社,2003.

[4] 魏静,李明庚.建筑工程测量[M].北京:高等教育出版社,2007.

[5] 中华人民共和国住房和城乡建设部,中华人民共和国国家质量监督检验检疫总局.GB 50026－2007 工程测量规范[S].北京:中国计划出版社,2008.

[6] 中华人民共和国住房和城乡建设部.JGJ 3－2010 高层建筑混凝土结构技术规程[S].北京:中国建筑工业出版社,2011

国家改革和发展示范学校建设项目
课程改革实践教材
全国土木类专业实用型规划教材

建筑工程测量实训手册

JIANZHU GONGCHENG CELIANG SHIXUN SHOUCE

主　编　隋向阳　张昌勇

副主编　郭永民　徐鲁闽　吕　成
　　　　张立群

编　者　邹　创　王亚南

哈爾濱工業大學出版社
HARBIN INSTITUTE OF TECHNOLOGY PRESS

目 录

实训一　水准仪的认识与使用

一、实训目的和要求

(1)了解 DS₃ 水准仪的构造,认识水准仪各主要部件的名称和作用。

(2)初步掌握水准仪的粗平、瞄准、精平与水准尺读数的方法。

(3)测定地面两点间高差。

二、能力目标

了解水准仪各部件及其作用,能进行水准仪的安置、粗略整平、照准标尺、精确整平等操作,会在水准尺上读数,会根据读数计算两点间的高差。

三、仪器和工具

DS₃ 水准仪 1 台,水准尺 2 支,记录板 1 块,伞 1 把,自备铅笔。

四、实训任务

每组每位同学完成整平水准仪 3 次、读水准尺读数 3 次。

五、要点与流程

(1) 要点

①水准仪安置时,按"左手大拇指法则",先用双手同时反向旋转一对脚螺旋,使圆水准器气泡移至中间,再转动另一只脚螺旋使气泡居中,如图 1.1(a)所示。

②转动微倾螺旋,使符合水准器气泡两端的像吻合。注意微倾螺旋转动方向与符合水准管左侧气泡移动方向的一致性。每次读数前要查看是否处于精平状态。如图 1.1(b)所示。

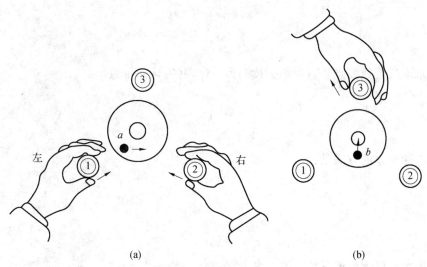

图 1.1　左手大拇指法则

（2）流程

安置水准仪—整平仪器—瞄准水准尺—精确整平—读取水准尺上读数—记录。

六、注意事项

①仪器安放到三脚架头上，最后必须旋紧连接螺旋，使其连接牢固。

②水准仪在读数前，必须使长水准管气泡严格居中（自动安平水准仪例外），如图1.2所示。

③瞄准目标必须消除视差。

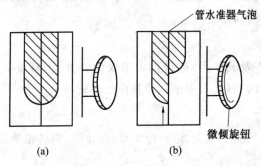

(a)　　　　　　　(b)

图1.2　精确整平

七、应交成果

1.水准仪由_____、_____、_____组成。

2.水准仪粗略整平的要点是：

3.水准仪照准水准尺的要点是：

4.水准尺读数要点是：（提示估读到哪一位，共需读几位数）

5.消除视差的方法是：

6.将水准仪读数练习结果填入表1.1。

表 1.1　水准仪读数练习

测站	点号	水准尺读数/m		高差/m	备注
		后视读数	前视读数		

实训二　闭合水准路线测量

一、实训目的和要求

(1)练习等外水准测量(改变仪器高法)的观测、记录、计算和检核方法。

(2)从一已知水准点 BM.1 开始,沿各待定高程点 2、3、4,进行闭合水准路线测量,高差闭合差的容许值为:

$h_f = \pm 12\sqrt{n}$,其中 n 为测站数;

$h_f = \pm 40\sqrt{L}$,其中 L 为水准路线总长。

如观测成果满足精度要求,对观测成果进行整理,推算出 2、3、4 点的高程。

二、能力目标

各小组独立完成一条闭合水准路线的观测、记录和计算,满足闭合差容许值要求,各小组成员利用本组观测结果,独立完成水准测量成果的计算工作,求出闭合差、改正数以及各点的高程。

三、仪器和工具

DS_3 水准仪 1 台(或自动安平水准仪),水准尺 2 支,尺垫 2 个,记录板 1 块,伞 1 把。

四、实训任务

每小组完成一条由 4 个点组成的闭合水准路线的观测任务。每位同学至少观测记录计算一站。

五、要点与流程

(1) 要点

①水准仪安置在离前、后视点距离大致相等处,用中丝读取水准尺上的读数至毫米。

②两次仪器高测得高差之差 Δh 不超过 ± 5 mm,取其平均值作为平均高差。

③进行计算检核,即后视读数之和减前视读数之和应等于平均高差之和的两倍。

④计算高差闭合差,并对观测成果进行整理,推算出 2、3、4 点坐标。

(2)流程

在地面上选定 2、3、4 三个点作为待定高程点,BM.1 为已知高程点。如图 2.1 所示,已知 $H_{BM} = 100.000$ m,要求按等外水准精度要求施测,求点 1、2、3 的高程。

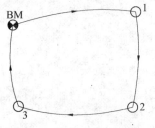

图 2.1　水准路线示意图

六、注意事项

(1)水准尺必须立直。尺子的左、右倾斜,观测者在望远镜中根据纵丝可以发觉,而尺子的前后倾斜则不易发觉,立尺者应注意。

(2)瞄准目标时,注意消除视差。

(3)仪器迁站时,应保护前视尺垫。在已知高程点和待定高程点上,不能放置尺垫。

(4)变动仪器高度超过 10 mm。

七、应交成果

水准测量记录计算手簿如表 2.1 所示。

表 2.1　水准测量记录计算手簿

组别:　　　　　　仪器号码:　　　　　　　　　　　　年　　月　　日

测站	测点	水准尺读数		高差/m	平均高差/m	改正数/mm	改正后高差/m	高程/m	备注
		后视读数/m	前视读数/m						
Σ									
计算检核									

实训三　经纬仪的认识与使用

一、实训目的和要求

(1)了解 DJ₆ 经纬仪的构造,主要部件的名称和作用。

(2)练习经纬仪的对中、整平、瞄准和读数的方法。

(3)要求对中误差小于 1 mm,整平误差小于一格。

二、能力目标

了解光学经纬仪各部件及其作用,掌握对中、整平、瞄准和读数的方法。

三、仪器和工具

DJ₆ 经纬仪 1 台,测钎 2 只,记录板 1 块,伞 1 把。

四、实训任务

每组每位同学完成经纬仪的对中、整平、瞄准、读数工作各一次。

五、要点与流程

(1)要点

①气泡的移动方向与操作者左手旋转脚螺旋的方向一致。

②经纬仪安置操作时,要注意首先要大致对中,脚架要大致水平,这样整平对中反复的次数会明显减少。

(2)流程

光学对中器初步对中整平—精确对中和整平—瞄准目标—读数。

①光学对中器初步对中整平。固定一只三脚架腿,移动其他两只架腿,使镜中小圆圈对准地面点,踩紧脚架,若对中器的中心与地面点略有偏离,可转动脚螺旋,若圆水准器气泡偏离较大,则伸缩三脚架腿,使圆水准器气泡居中,注意脚架尖位置不能移动。

②精确对中和整平。精确整平如图 3.1 所示。

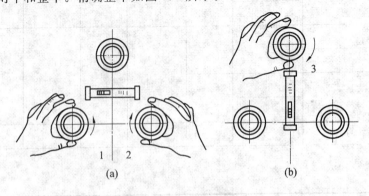

图 3.1　经纬仪的整平

六、注意事项

(1)目标不能瞄错,并尽量瞄准目标下端。

(2)眼睛微微左右移动,检查有无视差,如果有,转动物镜对光螺旋予以消除。

七、应交成果

1.经纬仪由_____、_____、_____ 组成。

2.经纬仪对中整平的操作要点是:

3.经纬仪照准目标的操作要点是:

4.将水平度盘读练习结果填入表3.1。

表 3.1 水平度盘读数练习

测站	目标	竖盘位置	水平度盘读数			备注
			°	′	″	

实训四　水平角观测（测回法）

一、实训目的和要求

(1)掌握测回法测量水平角的操作方法、记录和计算。

(2)每位同学对同一角度观测一测回，上、下半测回角值之差不超过 $\pm 40''$。

(3)在地面上选择三点组成三角形，所测三角形的内角之和与 $180°$ 之差不超过 $\pm 60'' \sqrt{3} = \pm 104''$。

二、能力目标

能够掌握测回法测量水平角的操作方法、记录和计算，精度符合要求。

三、仪器和工具

DJ_6 经纬仪 1 台，测钎 2 只，记录板 1 块，伞 1 把。

四、实训任务

每组用测回法完成 3 个水平角的观测任务。

五、要点与流程

(1)要点

①测回法测角时的限差要求若超限，则应立即重测。

② 注意测回法测量的记录格式。

(2)流程

在地面上选择三点组成三角形，每位同学用测回法观测一测回。

在测站点整平对中经纬仪—盘左顺时针测—盘右逆时针测。

六、注意事项

(1)目标不能瞄错，并尽量瞄准目标下端。

(2)三角形每个角读完数后应立即计算角值，如果超限，应重测。

七、应交成果

测回法水平角观测记录(表 4.1)。

表 4.1　水平角观测手簿

组别：　　　　　　　仪器号码：　　　　　　　　　　　　年　　月　　日

测站	竖盘位置	目标	水平度盘读数	半测回	一测回角值	各测回平均角值

实训五　全站仪水平角测量

一、实训目的和要求

(1)练习水平观测、记录和计算的方法。

(2)熟悉全站仪的操作过程。

(3)用全站仪测量一个水平角∠BDE的大小。

二、能力目标

能够掌握全站仪测水平角的基本原理和操作方法。

三、仪器和工具

全站仪1台,记录板1块,伞1把。

四、实训任务

使用全站仪用测回法进行∠BDE角度的测量,如图5.1所示。每组完成相关水平角的测量。

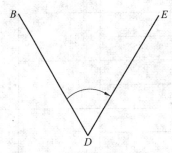

图 5.1　∠BDE 示意图

五、要点与流程

(1)全站仪架设在 D 点,对中、整平。

(2)按"开机"(POWER)键,进入图 5.2(a)所示界面。

(3)望远镜精确瞄准目标点 B;按 F1"置零",按 F3"是",如图 5.2 (b)所示。

按 F2"锁定",见图 5.2(c)界面,此时水平度盘读数"HR:0°00′00″",将读数记录到表5 相应栏中。

(4)按顺时针方向旋转望远镜,精确瞄准目标点 E,将屏幕显示的 HR 读数记录表5.1相应栏中。

(5)纵转望远镜,重新精确瞄准目标点 E;按 F4"P1↓"进入第 2 页,按 F4"P2↓"进入第 3 页,按 F2"左/右",将盘右换成盘左,将屏幕上显示的 HL 读数记录表5.1相应栏中。

(6)按逆时针方向旋转望远镜,精确瞄准目标点 B,将屏幕显示的 HL 读数记录表5.1相应栏中。

（7）按表 5.1 的观测数据，依次计算半测回角值、一测回角值。

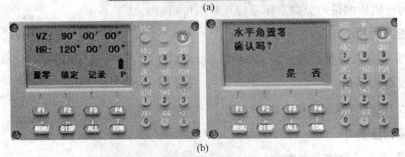

(a)

(b)

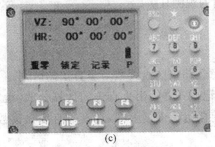

(c)

图 5.2　全站仪工作界面

（8）因所用仪器型号不同，操作流程会发生变化。

六、注意事项

（1）对中：使用光学对中器对中，限差≤1 mm。

（2）整平：气泡偏离小于 1 格。

（3）瞄准：尽量瞄准测钎底部，使用棱镜时，应瞄准棱镜觇标中心。

（4）角度取至"秒"。

七、应交成果

表 5.1　全站仪角度测量记录手簿

测站	盘位	目标	度盘读数	半测回角值	一测回角值
D	左	B	0°00′00″		
		E			
	右	B			
		E			

实训六 竖直角观测和竖盘指标差检验

一、实训目的和要求

（1）练习垂直角观测、记录、计算的方法。

（2）了解竖盘指标差的计算。

（3）同一组所测得的竖盘指标差的互差不得超过±25″。

二、能力目标

能够掌握竖直角观测的方法，会计算竖盘指标差。

三、仪器和工具

DJ_6 经纬仪 1 台，记录板 1 块，伞 1 把。

四、实训任务

每组完成 2 个竖直角的观测任务。

五、要点与流程

（1）要点

①竖直角观测时，注意经纬仪竖盘读数与竖直角的区别。

②先观察竖直度盘注记形式并写出垂直角的计算公式：盘左位置将望远镜大致放平观察竖直度盘读数，然后将望远镜慢慢上仰，观察竖直度盘读数变化情况，观测竖盘读数是增加还是减少：

若读数减少，则

$$\alpha = 视线水平时竖盘读数 - 瞄准目标时竖盘读数$$

若读数增加，则

$$\alpha = 瞄准目标时竖盘读数 - 视线水平时竖盘读数$$

③计算竖盘指标差：$x = \frac{1}{2}(\alpha_R - \alpha_L)$。

④计算一测回垂直角：$\alpha = \frac{1}{2}(\alpha_L + \alpha_R)$。

（2）流程

①在 A 点测 B 点的盘左竖盘读数；②在 A 点测 B 点的盘右竖盘读数；③计算 A 点至 B 点的竖直角，如图 6.1 所示。

图 6.1 A 点至 B 点的竖直角

六、注意事项

（1）对于具有竖盘指标水准管的经纬仪，每次竖盘读数前，必须使竖盘指标水准管气泡居中。具有竖盘指标自动零装置的经纬仪，每次竖盘读数前，必须打开自动补偿器，使竖盘指标居于正确位置。

（2）垂直角观测时，对同一目标应以中丝切准目标顶端（或同一部位）。

（3）计算垂直角和指标差时，应注意正、负号。

七、应交成果

垂直角观测记录一份（表6.1）。

表6.1　垂直角观测手簿

组别：　　　　　　　仪器号码：　　　　　　　　　年　月　日

测站	目标	竖盘位置	竖盘读数	半测回竖直角	指标差	一测回垂直角	各测回平均垂直角

实训七　钢尺量距

一、实训目的和要求

(1)钢尺量距时,读数及计算长度取至毫米。

(2)钢尺量距时,先量取整尺段,最后量取余长。

(3)钢尺往、返丈量的相对精度应高于 1/3 000,则取往、返平均值作为该直线的水平距离,否则重新丈量。

二、能力目标

能用钢尺进行水平距离丈量。

三、仪器和工具

每组钢尺 1 把,测钎若干,花杆 3 支,记录板 1 块,自备实训报告、笔、计算器等。

四、实训任务

每组在平坦的地面上,完成一段长约 60～100 m 左右的直线的往返丈量任务,并用花杆或经纬仪进行直线定线。

五、要点与流程

(1)要点

①用经纬仪进行直线定线时,注意仪器要对中地面点。

②丈量时,前尺手与后尺手要动作一致,用口令或手势来协调双方的动作。

(2)流程

往测:在 A 点架仪器,瞄准 B 点,在 AB 之间定出点 1、2、3、4,如图 7.1 所示。丈量各段距离。

返测:由 B 点向 A 点用同样方法丈量。

根据往测和返测的总长计算往返差数、相对精度,最后取往、返总长的平均数。

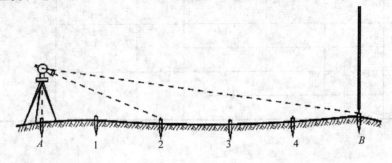

图 7.1　经纬仪定线

六、注意事项

(1)钢尺量距的原理简单,但在操作上容易出错,要做到"三清":

①零点看清。尺子零点不一定在尺端,有些尺子零点前还有一段分划,必须看清。

②读数认清。尺上读数要认清 m、dm、cm 的注字和 mm 的分划数。

③尺段记清。尺段较多时,容易发生少记一个尺段的错误。

(2)钢尺容易损坏,为维护钢尺,应做到"四不":不扭,不折,不压,不拖。用毕要擦净后才可卷入尺盒内。

七、应交成果

完成"距离测量簿"表7.1。

表 7.1　距离测量簿

组别:　　　　　　　仪器号码:　　　　　　　　　　　　年　月　日

测量 起止点	测量 方向	整尺长/ m	整尺数	余长/ m	水平距离/ m	往返较差/ m	平均距离/ m	精度

实训八　视距测量

一、实训目的和要求

(1)掌握利用视距测量测量两点间水平距离和高差的方法。

(2)视距测量相对精度高于 1/200 合格。

二、能力目标

能用视距测量的方法进行距离丈量。

三、仪器和工具

每组 J_6 经纬仪 1 台,塔尺 2 把,图板、图纸、量角器、比例尺、小钢尺、橡皮、小刀、记录板各 1 个。

四、实训任务

按 1:500 测地形图要求,完成一栋建筑物的平面点的测绘任务。

五、要点与流程

(1)在测站 A 上安置经纬仪,对中、整平后,量取仪器高 i(精确到厘米),设测站点地面高程为 H_A。

(2)在 B 点上立水准尺,读取上、下丝读数 a、b,中丝读数 v(可取与仪器高相等,即 $v=i$),竖盘读数 L 并分别记入视距测量手簿。竖盘读数时,竖盘指标水准管气泡应居中。

(3)倾斜距离:　　　　　　　　$L=kl\cos\alpha$

水平距离:　　　　　　　　$D=kl\cos\alpha$

高差:　　　　　　　　$h=D\cdot\tan\alpha+i-v$

B 点的高程:　　　　　　　$H_B=H_A+h$

式中 $K=100$;$l=a-b$;α 为竖直角。

六、注意事项

(1)视距测量观测前应对竖盘指标差进行检验校正,使指标差在 $\pm60''$ 以内。

(2)观测时视距尺应竖直并保持稳定。

七、应交成果

经过视距计算后的视距测量记录见表 8.1。

表 8.1　视距测量记录

组别：　　　　　　　　仪器号码：　　　　　　　仪器高 $i=$　　　年　月　日

测站（高程）仪器高	目标	下丝读数 上丝读数 视距间隔	中丝读数	竖盘读数	垂直角	水平距离	高差	高程

实训九 建筑物轴线测设

一、实训目的和要求

(1)掌握建筑轴线测设的基本方法。

(2)掌握建筑施工中高程测设的基本方法。

二、仪器和工具

DJ_6 经纬仪 1 台,DS_3 水准仪 1 台,30 m 钢尺 1 把,测杆 1 根,水准尺 1 支,记录板 1 块,榔头 1 把,木桩 6 个,测钎 2 只,计算器 1 个,伞 1 把。

三、要点与流程

(1)布设控制点

如图 9.1 所示,在空旷地面选择一点,打下一木桩,桩顶画十字线,交点即为 A 点。从 A 点用钢尺丈量一段 50.000 m 的距离定出一点,同样打木桩,桩顶画十字线,交点即为 B 点。设 A、B 点的坐标为:$A(x_A=100.000$ m,$y_A=100.000$ m),$B(x_B=100.000$ m,$y_B=150.000$ m)。

设 A 点的高程 $H_A=10.000$ m。以上数据为控制点 A、B 的已知数据。

某建筑物轴线点 P_1、P_2 的设计坐标和高程为:

$P_1:x_1=108.360$ m,$y_1=105.240$ m,$H_1=10.150$ m;

$P_2:x_2=108.360$ m,$y_2=125.240$ m,$H_2=10.150$ m。

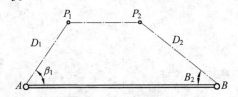

图 9.1 建筑物轴线的测设

(2)测设数据的计算

根据控制点 A、B 用极坐标测设轴线点 P_1、P_2 的平面位置,其测设数据在表 9.1 中计算。

(3)极坐标法轴线点平面位置的测设

①如图 9.1 所示,在 A 点安置经纬仪,对中、整平后,瞄准 B 点,安置水平度盘读数为 $0°00'00''$;顺时针转动照准部,使水平度盘读数为 $(360°-\beta_1)$,用测钎在地面标出该方向,在该方向上从 A 点量水平距离 D_1,打下木桩;再重新用经纬仪标定方向和用钢尺量距,在木桩上定出 P_1 点。

②在 B 点安置经纬仪,对中、整平后,瞄准 A 点,安置水平度盘读数为 $0°00'00''$;顺时针转动照准部,使水平度盘读数为 β_2,沿此方向从 B 点量取水平距离 D_2,打下木桩;再重

新用经纬仪标定方向和用钢尺量距,在木桩上定出 P_2 点。

③用钢尺丈量 P_1、P_2 两点间的距离,与根据两点设计坐标算得的水平距离 D_{12} 相比较,其相对误差应达到 1/3 000。

四、注意事项

(1)测设数据应独立计算,相互校核,证明正确无误后再进行测设。

(2)轴线点的平面位置测设好以后应进行两点间的距离校核。

五、应交成果

极坐标法测设数据计算表 9.1。

表 9.1 极坐标法测设数据的计算

边	坐标增量/m		水平距离 D/m	坐标方位角 α (° ′ ″)	水平夹角 β (° ′ ″)
	Δx	Δy			
$A-B$					
$A-P_1$					
$B-A$					
$B-P_2$					
P_1-P_2					

实训十　全站仪坐标放样

一、实训目的和要求

(1)能利用全站仪完成坐标放样工作。

(2)全站仪坐标放样精度要求:水平角上下半测回较差≤20″;几何图形角度闭合差≤35″;四个平差后的角度值与理论值限差均为40″;边长平均值与理论值误差<1/5 000。

二、仪器和工具

每组全站仪 1 台,棱镜 2 个,记录板 1 个,红蓝铅笔 1 支等。

三、实训任务

(1)根据给定的已知测站点坐标 A:x_A=100.948,y_A=94.593;和已知定向点坐标 B:x_B=130.948,y_B=94.593,使用全站仪"放样"程序,放样三个坐标点:1(109.327,115.862);2(135.961,124.442);3(101.961,123.084)组成三角形,并在地砖上用笔做好标记,如图10.1所示。

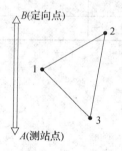

图 10.1　点位示意图

(2)在三角形的顶点上分别设站,用测回法(一测回)观测水平角并计算角度平均值,其中在该三角形指定的一个顶点上,用测回法加测三角形另一点(已知该点与定向点之间的水平角,并计算角度平均值)。

(3)在不同测站上,对测每一条边长并计算边长平均值。

(4)计算图形角度闭合差,在满足限差要求的情况下,平差计算角度值。

四、要点与流程

(1)小组配合完成坐标放样工作。

(2)要求每人至少完成三角形顶点一测站的边角观测记录工作。

(3)先完成1、2、3点的放样工作,再进行边角观测。

五、注意事项

(1)各人应独立完成仪器操作、记录、计算及校核工作。

(2)注意对中误差及水准管气泡偏差情况,数据记录、计算及校核均填写在相应记录表中,记录表不能用橡皮擦修改,记录表以外的数据不作为考核结果。

（3）测距时采用精测模式。

六、应交成果

完成表10.1的填写。

表 10.1 边角测量记录、计算表

日期： 天气： 仪器型号： 组号：

观测者： 记录着： 棱镜高：

测站	盘位	目标	读数 ° ′ ″	半测回角值 ° ′ ″	一测回值 ° ′ ″	平差后角值 ° ′ ″	边长观测值	边长平均值	备注
							12＝		
							23＝		
							34＝		

三角形闭合差 $\omega=$

改正数 $-\omega/3=$

实训十一　50线测设

背景资料:施工中建筑物(一个已浇注楼梯间的建筑物为好),如果条件所限,可选择成品建筑物将50线传递至上一层某处。在建筑物某层某处画好50线,作为传递依据。

一、实训目的和要求

(1)高程传递的方法。

(2)测设水平线。

(3)标高允许误差:层高:±3 mm;全高:±10 mm。

二、仪器和工具

准备 DS₃ 型水准仪1套,墨斗1个,红蓝铅笔1支。

三、实训任务

利用水准仪,根据已知高程控制点在首层墙面上测设3点标高。

四、要点与流程

(1)要点

①标高引至楼层后,进行闭合复测。

②标高基准点的确定非常重要,标高传递前,必须进行复核。

(2)流程

①据现场内两个永久标高控制点,在外墙设置3个标高控制点。

②以上各层均以此标高线直接用50 m钢尺向上传递,每层误差小于3 mm。

③以其平均点向室内引测+50 cm水平控制线。

④抄平时,尽量将水准仪安置在测设范围内中心位置,并进行精密安平。

⑤上下移动竖立在墙面上的 B 水准尺,直至水准仪在尺上的读数为 b 应时,紧靠尺底在墙面上画一水平线,其高程即为 H_B。

五、注意事项

(1)水准尺必须立直。尺子的左、右倾斜,观测者在望远镜中根据纵丝可以发觉,而尺子的前后倾斜则不易发觉,立尺者应注意。

(2)瞄准目标时,注意消除视差。

六、应交成果

①计算视线高程:$H_视=H_A+a$。

②计算 B 点水准尺尺底为 H_B 时的前视读数:$b_应=H_视-H_B$。

成果整理见表11.1。

表 11.1　建筑物高程传递考核报告

考核日期：　　　　　　姓名：　　　　　　成绩：　　　　　　考核教师：

考核题目	建筑物高程传递	
主要仪器及工具		
天气	仪器号码	

传递过程相关记录

1.由水准仪读得 $a=$ _____ m,经计算得 $b_1=$ _____ m, $b_2=$ _____ m。

2.请在下面空白处,列出 b 的计算过程。

3.测设后经检查,测设 50 线高程与已知值相差 _____ m,精度要求。

4.画出测设 1、2 点的略图。

实训十二　多层建筑轴线投测

背景资料:施工中建筑物(一个二层建筑物为好),如果条件所限,可选择成品建筑物将轴线投测至二楼窗台上(假定为二楼地面)。在建筑物前空地上假定两点为建筑物主轴线控制点 A_1、A_2(A_1 在建筑物基础上标注,A_2 根据场地情况在建筑物前 $10\sim20$ m 处的地面上钉设木桩,木桩上钉铁钉标注或在坚硬地面上钉钢钉标注,并在钢钉周围用红油漆画上圆圈标记)。

一、实训目的和要求

(1)掌握建筑物轴线投测的能力。

(2)掌握建筑物垂直度控制。

(3)竖向测量允许误差:层间:3 mm;全高:$3H/10\,000$,且不应大于±10 mm;距离测量精度 $1/5\,000$;测角允许偏差:20″;垂直度允许偏差:层高≤5 m,8 mm;层高>5 m,10 mm;全高 $H/1\,000$,且≤30 mm。

二、仪器和工具

经纬仪 1 台,激光铅直仪 1 台,接收靶 1 台,红蓝铅笔 1 支。

三、实训任务

要求利用经纬仪,分别采用"外控法"与"内控法"在施工现场建筑物(一个二层建筑物为好)上投测轴线位置,用红铅笔做出标记。

四、要点与流程

(1)内控法

①将激光垂准仪架设在地下室顶板面基准点,调平后,接通电源射出激光束。

②通过调焦,使激光束打在作业层激光靶上的激光点最小、最清晰。

③通过顺时针转动仪器360°,检查激光束的误差轨迹。如轨迹在允许限差内,则轨迹圆心为所投轴线点。

④通过移动激光靶,使激光靶的圆心与轨迹圆心同心,后固定激光靶。在进行控制点传递时,用对讲机通信联络。

⑤轴线点投测到楼层后,用全站仪进行放线。

(2)外控法

①安置经纬仪于中心轴线控制桩上。

②望远镜照准墙脚已弹出的轴线位置,用盘左、盘右位置将轴线投测到楼层面上,取其中点为轴线在楼层面上的位置。

③中心轴线投测到楼层面上后,组成直角坐标系,根据其余轴线与此坐标系的关系,在楼层面上测设出其余轴线。

五、注意事项

①对于具有竖盘指标水准管的经纬仪，每次竖盘读数前，必须使竖盘指标水准管气泡居中。具有竖盘指标自动零装置的经纬仪，每次竖盘读数前，必须打开自动补偿器，使竖盘指标居于正确位置。

②垂直角观测时，对同一目标应以中丝切准目标顶端（或同一部位）。

六、应交成果

成果整理见表12.1。

表 12.1　建筑物轴线投测考核报告

考核日期：　　　　　姓名：　　　　　成绩：　　　　　考核教师：

考核题目	建筑物轴线投测	
主要仪器及工具		
天气	仪器号码	
测试场地布置草图		
测试主要步骤		
轴线投测成果检核		

实训十三　建筑物沉降观测及倾斜度观测

一、实训目的和要求

(1)掌握沉降观测的方法。

(2)掌握倾斜观测的方法。

二、仪器和工具

水准仪、水准尺、经纬仪等。

三、实训任务

根据已有条件,以个人为单位,用水准仪在现场完成一个矩形建筑物四个角点作为沉降点的沉降观测工作后,根据教师提供该沉降点的历次沉降观测所计算的点位高程和本次测算点位高程进行整理计算各次和累计沉降量并绘制沉降观测曲线。

四、实训流程

(1)沉降观测

首先在建筑物周边选择并布设最少3个以上水准基点,基点位置一般离建筑物20～40 m。然后在建筑物四周拐角及承重墙(柱)部位布设变形观测点。将基准点与变形观测点组成闭合环路,用二等水准测量规范要求进行施测,全部测点需连续一次测完。并须按既定的路线、测站、固定的人员固定的仪器进行观测,闭合差为 $\pm 0.3\sqrt{n}$ mm(n 为测站数),若精度不能满足要求,则需重新监测。观测外业结束后,应进行沉降量计算,填写沉降观测成果表及绘制沉降曲线图。

(2)倾斜观测

利用经纬仪可以直接测出建筑物的倾斜度。首先选定建筑物棱边,在其附近沿墙面延长线架设经纬仪,首先照准建筑物顶部棱角点,水平制动,望远镜向下扫视,在建筑物下棱角水平放置钢尺,读出经纬仪竖丝与建筑物棱边的距离Δ,可用下式算出建筑物的倾斜度 i:

$$i = \Delta/H = \tan \alpha$$

式中　H——建筑物的高度。

五、注意事项

(1)记录、计算成果应符合相关测量规范。

(2)在实训过程中,要做到步步检核,确保点位和数据正确无误。

六、应交成果

每个实训小组实训结束后应提交下列成果与资料:

(1)沉降观测成果表与沉降曲线图。

(2)小组各成员的实训日志和报告。

(3)沉降观测成果表(表13.1)。

表 13.1　沉降观测成果表

组别：　　　　　仪器号码：　　　　　　　　　　年　　月　　日

点号	观测日期								
	高程/ m	本次沉降/ mm	累计沉降/ mm	高程/ m	本次沉降/ mm	累计沉降/ mm	高程/ m	本次沉降/ mm	累计沉降/ mm

表 13.2　建筑物变形观测考核报告

考核日期：　　　　　姓名：　　　　　成绩：　　　　　考核教师：

考核题目	建筑物的沉降观测	
主要仪器及工具		
天气	仪器号码	

1.绘制沉降观测水准路线草图

2.简述沉降观测的"五定"

3.以时间为横轴,荷载和沉降量为纵轴绘制沉降观测曲线